# 电离辐射和聚合物
## ——原理、技术及应用

（捷） 吉里·乔治·德罗布尼 著
（Jiri George Drobny）

槟榔郭 郭丽莉 译 汪谟贞 审校

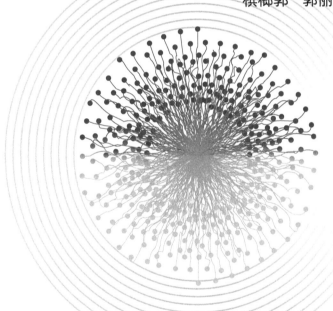

# Ionizing Radiation and Polymers
## Principles, Technology, and Applications

化学工业出版社
·北京·

## 内容简介

　　本书介绍了电离辐射的科学及其对聚合物的影响，并探索当前的装置、设计和典型用途，详细介绍了电离辐射的工业应用，以及抗辐射聚合物及其用途。还讨论了健康和安全方面的考虑，提供了对辐射加工装置的选择和安全使用的理解。

　　本书可供从事和有兴趣使用电离辐射加工聚合物材料以改善和增加聚合物产品价值的科研人员、工程师、技术人员、销售和市场营销专业人士参考；可作为核技术领域企业的技术与管理人员以及新入职员工培训、学习使用；也可作为大专院校相关专业教学用书。

Ionizing Radiation and Polymers: Principles, Technology, and Applications, first edition
Jiri George Drobny
ISBN: 978-1-4557-7881-2

---

## 注意

　　本书涉及领域的知识和实践标准在不断变化。新的研究和经验拓展我们的理解，因此须对研究方法、专业实践或医疗方法作出调整。从业者和研究人员必须始终依靠自身经验和知识来评估和使用本书中提到的所有信息、方法、化合物或本书中描述的实验。在使用这些信息或方法时，他们应注意自身和他人的安全，包括注意他们负有专业责任的当事人的安全。在法律允许的最大范围内，爱思唯尔、译文的原文作者、原文编辑及原文内容提供者均不对因产品责任、疏忽或其他人身或财产伤害及/或损失承担责任，亦不对由于使用或操作文中提到的方法、产品、说明或思想而导致的人身或财产伤害及/或损失承担责任。

---

## 图书在版编目(CIP)数据

　　电离辐射和聚合物：原理、技术及应用/（捷）吉里·乔治·德罗布尼（Jiri George Drobny）著；槟榔郭，郭丽莉译.—北京：化学工业出版社，2023.10
　　书名原文：Ionizing Radiation and Polymers: Principles, Technology, and Applications
　　ISBN 978-7-122-44084-6

　　Ⅰ.①电… Ⅱ.①吉… ②槟… ③郭… Ⅲ.①电离辐射-研究 ②聚合物-研究 Ⅳ.① O644.2 ②O63

　　中国国家版本馆CIP数据核字（2023）第163337号

---

| | |
|---|---|
| 责任编辑：高　宁　仇志刚 | 文字编辑：任雅航　陈小滔 |
| 责任校对：刘曦阳 | 装帧设计：张　辉 |

---

出版发行：化学工业出版社（北京市东城区青年湖南街13号　邮政编码100011）
印　　装：北京建宏印刷有限公司
710mm×1000mm　1/16　印张14³/₄　字数244千字　2023年9月北京第1版第1次印刷

购书咨询：010-64518888　　　　　　　　　　　　　　售后服务：010-64518899
网　　址：http://www.cip.com.cn
凡购买本书，如有缺损质量问题，本社销售中心负责调换。

---

定　价：128.00元　　　　　　　　　　　　　　　　　　　版权所有　违者必究

# 译者前言

在中国同位素与辐射行业协会具体安排下，我们将这部英文原著翻译成中文出版，愿通过此项工作，促进电离辐射与聚合物的研究，以提高聚合物的物理、化学和力学性能。本书为广大的塑料工程师和聚合物科研人员提供了宝贵的指导，包括在包装、航空航天、国防、医疗器械和能源等方面的应用。本书也是材料科学、聚合物以及机电工程领域的高级工科学生的有用资源。

本书英文版 Ionizing Radiation and Polymers: Principles, Technology, and Applications，由吉里·乔治·德罗布尼（Jiri George Drobny）先生著，爱思唯尔（Elsevier）公司出版。中文版由槟榔郭、郭丽莉翻译，汪谟贞审校。为便于读者对照阅读原著，本书的符号表示、标准名和正斜体等形式尽量遵循原著。

感谢中广核达胜加速器技术有限公司、四川智研科技有限公司和中国同辐股份有限公司对本书出版提供的支持。负责本书出版编辑工作的编辑对书稿进行了认真的审阅，对部分用语反复推敲，力求专业准确，做了大量具体而细致的工作。在此对所有参与和支持本书翻译印刷出版工作的专家、老师和公司表示衷心的感谢。

由于时间仓促、水平有限，书中翻译不当或错误之处，恳请专家学者和读者不吝赐教，如有建议或问题可发送到 ciraoffice@126.com。

译者

2023 年 7 月

# 前　言

　　著名科学家、工程师、发明家和实业家马歇尔·R.克莱兰（Marshall R.Cleland）将辐射加工定义为："用电离辐射处理产品和材料，以改变其物理、化学或生物特性，增加其用途和价值，或减少其对环境的影响。"当将这一定义应用于聚合物时，可以看到电离辐射处理是一种成熟且经济的商业方法，可以精确地改变本体聚合（bulk polymerization）体系和由其制成的成型组件的性能。由辐射引发的聚合物交联、断链、氧化、接枝和长链支化的化学反应，都已较好地应用在各种塑料、弹性体和复合材料中。

　　聚合物材料的重要特性，如力学性能、热稳定性、熔体流动性、可加工性、耐化学性和表面性能等，可通过电离辐射显著改善或改变。

　　用辐射对聚合物和各种聚合物体系进行加工，与许多已建立的传统工艺相比，具有重要的经济和环境优势。这些传统工艺主要通过加热，并且通常使用含有对环境有负面影响的添加剂的复杂配方。聚合物辐射加工过程中使用的电离辐射装置和工艺具有低污染、低能耗和材料可回收利用的特点，这使其成为一种绿色技术，在当前可持续性发展理念中具有非凡的吸引力。涂层和油墨的辐射固化可以是无溶剂的，也可以使挥发性有机化合物大幅减少。

　　本书涵盖了基于电离辐射，即基于γ射线、电子束和X射线辐射的当前加工技术。主要目的是对这些工艺流程提供一个只涉及必要理论的描述和解释，以使读者能够理解所提及的大部分材料。

　　第1章概述了辐射的一般类型，特别是电离辐射的类型，以及一些相关的科学原理。第2章介绍辐射化学和物理的基本原理。第3章介绍了当前的装置类型、设计和典型用途，特别关注了电子束装置，因为这种装置在聚合物和聚合物体系的工业实践中应用最为广泛。第4章描述了电子束的加工过程，第5章则描述了商业聚合物材料的电子束加工。这两章的内容也主要集中于电子束上，其原因与第3章相同。第6章综述了电离辐射的工业应用。第7章讨论了耐辐射聚合物及其用途。第8章介绍了电离辐射的测量方法。第9章介绍了安全与卫生注意事项。第10章总结了当前的技术现状和发展趋势。附录Ⅰ中列出了目前已知的装置制造商，附录Ⅱ为适用于电离辐射的标准和规范，附录Ⅲ中总结了照射量和吸收剂量的单位及转换，附录Ⅳ中回顾了书中引用的方程，附录Ⅴ列出了绿色化学12条原则。此外，还附有一个相当全面的相关术语表。

在书稿的编写过程中，有许多同事、朋友和其他人士在许多方面作出了贡献：马歇尔·克莱兰提供了大量的资源和宝贵的建议；托尼·贝雷卡（Tony Berejka）审阅了部分书稿，并提供了有价值的评论和数据；其他人士提供了照片、数据、信息和对书稿进行改进的建议等，他们包括约翰·克吕西尔（John Chrusciel）、沃纳·哈格（Werner Haag）、卡尔·斯旺森（Karl Swanson）、特伦斯·汤普森（Terrance Thompson）、本特·劳雷尔（Bengt Laurell）、菲利普·德希尔（Phillipe Dethier）、安·卡尔（Ann Car）、杰里米·西蒙（Jeremy Simon）、加里·科恩（Gary Cohen）等。如果没有来自爱思唯尔团队［马修·迪恩斯(Matthew Deans)、西娜·埃布纳斯贾贾德（Sina Ebnesajjad）、弗兰克·海尔维格（Frank Hellwig）和大卫·杰克逊（David Jackson）］的支持，没有丽莎·琼斯（Lisa Jones）和她的制作团队的帮助和合作，这项工作就不会取得成功。

吉里·乔治·德罗布尼（Jiri George Drobny）
梅里马克，新罕布什尔州和布拉格，捷克共和国
2012年6月

# 缩略语表

| | | |
|---|---|---|
| ACS | American Chemical Society | 美国化学学会 |
| AECL | Atomic Energy of Canada, Ltd. | 加拿大原子能有限公司 |
| ALARA | as low as reasonably achievable | 可合理达到的尽量低水平 |
| APP | atmospheric plasma processing | 大气等离子体加工 |
| ASTM | American Society for Testing and Materials | 美国试验与材料协会 |
| BOPP | bias oriented polypropylene | 双向拉伸聚丙烯 |
| BR | butadiene rubber, polybutadiene | 丁二烯橡胶，聚丁二烯 |
| BRC | biorenewable carbon contents | 生物可再生碳含量 |
| CATV | community accessible television | 公共有线电视 |
| CIIR | chlorinated isobutylene-isoprene rubber (chlorobutyl) | 氯化异丁烯甲基丁二烯橡胶（氯化丁基橡胶） |
| CMC | carboxymethylated cellulose | 羧甲基纤维素 |
| COPA | polyamide thermoplastic elastomer (US designation) | 聚酰胺热塑性弹性体（美国名称） |
| COPE | copolyesterether block copolymer | 共聚酯醚嵌段共聚物 |
| CR | polychloroprene rubber | 氯丁橡胶 |
| CSM | cure site monomer | 固化位点单体 |
| CTA | cellulose triacetate | 三醋酸纤维素 |
| CV | continuous vulcanization | 连续硫化 |
| DCE | dichloroethane | 二氯乙烷 |
| DMSO | dimethylsulfoxide | 二甲基亚砜 |
| DPGDA | di(propylene glycol) diacrylate | 二（丙二醇）二丙烯酸酯 |
| DTMPTA | di(trimethylolpropane) tetraacrylate | 二（三羟甲基丙烷）四丙烯酸酯 |
| DVB | divinylbenzene | 二乙烯基苯 |
| EB | electron beam | 电子束 |
| ECTFE | copolymer of ethylene and chlorotrifluoroethylene | 乙烯-三氟氯乙烯共聚物 |
| EPC | easy processing channel black | 易混槽法炭黑 |
| EPDM | ethylene-propylene-diene monomer rubber | 三元乙丙橡胶 |
| EPM | ethylene-propylene-methylene(ethylene-propylene rubber, EPR) | 乙丙橡胶（也称为EPR） |
| EPR | electron paramagnetic resonance | 电子顺磁共振 |
| ETFE | copolymer of ethylene and tetrafluoroethylene | 乙烯-四氟乙烯共聚物 |

| FEP | copolymer of hexafluoropropylene and tetrafluoroethylene | 六氟丙烯和四氟乙烯共聚物 |
| FFKM | perfluoroelastomer (ASTM designation) | 全氟弹性体（ASTM名称） |
| FKM | fluorocarbon elastomer (ASTM designation) | 氟碳弹性体（ASTM名称） |
| FMQ | fluorosilicone rubber (with methyl phenyl substituents) | 氟硅橡胶（含甲基苯基取代基） |
| FPM | fluorocarbon elastomer (ISO designation) | 氟碳弹性体（ISO名称） |
| FTIR | Fourier transform infrared (analysis) | 傅里叶变换红外光谱（分析） |
| FVMQ | fluorosilicone rubber (with methyl and vinyl substituents) | 氟硅橡胶（含甲基和乙烯基取代基） |
| $G(S)$ | chain scission $G$-value, number of chains scissions occurring per 100 eV of absorbed energy | 链断裂$G$值，每吸收100eV能量发生链断裂的次数 |
| $G(X)$ | cross-linking $G$-value, number of cross-links occurring per 100 eV of absorbed energy | 交联$G$值，每吸收100eV能量发生交联的次数 |
| GMA | glycidyl methacrylate | 甲基丙烯酸缩水甘油酯 |
| GPTA | glyceryl propoxytriacrylate | 甘油三羟丙基醚三丙烯酸酯 |
| HAF | high abrasion furnace black | 高耐磨炉法炭黑 |
| HCl | hydrochloric acid | 盐酸 |
| HDDA | 1,6-hexanediol diacrylate | 1,6-己二醇二丙烯酸酯 |
| HDPE | high-density polyethylene | 高密度聚乙烯 |
| HEMA | hydroxyethyl methacrylate | 羟甲基丙烯酸羟乙酯 |
| HF | hydrofluoride | 氟化氢 |
| HFP | hexafluoropropylene | 六氟丙烯 |
| IAEA | International Atomic Energy Agency | 国际原子能机构 |
| ICRP | International Commission on Radiological Protection | 国际放射防护委员会 |
| IPN | interpenetrating polymer network | 互穿聚合物网络 |
| IR | 1. poly（$cis$-1,4-isoprene）rubber<br>2. infrared | 1. 聚顺式-1,4-异戊二烯橡胶、聚异戊二烯橡胶<br>2. 红外线 |
| ISO | International Standard Organization | 国际标准化组织 |
| LDPE | low-density polyethylene | 低密度聚乙烯 |
| LET | linear energy transfer | 传能线密度 |
| LLDPE | linear low-density polyethylene | 线型低密度聚乙烯 |
| $M_c$ | molecular weight between cross-links | 交联点间分子量 |
| $M_w$ | weigh average molecular weight | 重均分子量 |

| | | |
|---|---|---|
| MA | maleic anhydride | 马来酸酐 |
| MFA | 1. multifunctional acrylate<br>2. copolymer of tetrafluoroethylene and perfluoromethyl vinyl ether | 1.多官能团丙烯酸酯<br>2.四氟乙烯与全氟甲基乙烯基醚共聚物 |
| MPBM | $N,N'$-($m$-phenylene)-bismaleimide | $N,N'$-间亚苯基双马来酰亚胺 |
| MSDS | material safety data sheets | 材料安全数据表 |
| MW | molecular weight | 分子量 |
| $N$ | cross-link density | 交联密度 |
| NBR | acrylonitrile-butadiene rubber ("nitrile rubber") | 丙烯腈-丁二烯橡胶（"腈橡胶"） |
| NIST | National Institute of Standards and Technology | 美国国家标准与技术研究所 |
| nm | nanometer | 纳米 |
| NMR | nuclear magnetic resonance | 核磁共振 |
| NR | natural rubber | 天然橡胶 |
| NVP | $N$-vinyl pyrrolidone | $N$-乙烯基吡咯烷酮 |
| OIT | oxygen (or oxidative) induction time | 氧气（或氧化）诱导期 |
| OSHA | Occupational Safety and Health Administration | 职业安全与健康管理局 |
| OSL | optically stimulated luminescence | 光释光 |
| PAI | polyamide-imide | 聚酰胺-酰亚胺 |
| PCTFE | poly(chlorotrifluoroethylene) | 聚三氟氯乙烯 |
| PDMS | polydimethylsiloxane | 聚二甲基硅氧烷 |
| PE | polyethylene | 聚乙烯 |
| PEEK | poly(ether ether ketone) | 聚醚醚酮 |
| PEG | poly(ethylene glycol) | 聚乙二醇 |
| PEI | poly(ether imide) | 聚醚酰亚胺 |
| PEO | poly(ethylene oxide) | 聚氧化乙烯（聚环氧乙烷） |
| PES | poly(ether sulfone) | 聚芳基醚砜 |
| PET | poly(ethylene terephthalate) | 聚对苯二甲酸乙二醇酯 |
| PETA | pentaerythritol triacrylate | 季戊四醇三丙烯酸酯 |
| PEX | cross-linked polyethylene pipes | 交联聚乙烯管 |
| PFA | copolymer of tetrafluoroethylene and perfluoro (propylvinyl ether) | 四氟乙烯全氟共聚物（丙基乙烯基醚） |
| PI | polyimide | 聚酰亚胺 |
| PMMA | poly(methyl methacrylate) | 聚甲基丙烯酸甲酯 |
| PMVE | perfluoro(methylvinyl ether) | 全氟（甲基乙烯基醚） |

| | | |
|---|---|---|
| PP | polypropylene | 聚丙烯 |
| PPS | poly(phenylene sulfide) | 聚苯硫醚 |
| PPVE | perfluoro(propylvinyl ether) | 全氟（丙基乙烯基醚） |
| PSA | pressure sensitive adhesives | 压敏胶 |
| PSU | polysulfone | 聚砜 |
| PTFE | poly(tetrafluoroethylene) | 聚四氟乙烯（四氟乙烯） |
| PVA | poly(vinyl alcohol) | 聚乙烯醇 |
| PVC | poly(vinyl chloride) | 聚氯乙烯 |
| PVDC | poly(vinylidene chloride) | 聚偏氯乙烯 |
| PVDF | poly(vinylidene fluoride) | 聚偏氟乙烯 |
| PVF | poly(vinyl fluoride) | 聚氟乙烯 |
| $R$ | gas constant | 气体常数 |
| rad | radiation-absorbed dose | 辐射吸收剂量（拉德） |
| REACH | registration, evaluation, authorisation and restriction of chemical substances | 化学品注册、评估、许可和限制 |
| rem | roentgen equivalent of man | 人体伦琴当量（雷姆） |
| RF | radio frequency | 射频 |
| RRC | radiation rapid curing | 辐射快速固化 |
| RTM | resin transfer molding | 树脂传递模塑 |
| RV | radiation vulcanized | 辐射硫化 |
| SAL | sterilization assurance level | 无菌保证水平 |
| SBC | styrenic block copolymer | 苯乙烯嵌段共聚物 |
| SBR | styrene-butadiene rubber | 丁苯橡胶 |
| SBS | styrene-butadiene-styrene (block copolymer) | 苯乙烯-丁二烯-苯乙烯（嵌段共聚物） |
| SEBS | styrene-ethylene-butylene-styrene (block copolymer) | 苯乙烯-乙烯-丁烯-苯乙烯（嵌段共聚物） |
| SEEPS | triblock styrenic copolymer | 三嵌段苯乙烯共聚物 |
| SEPS | styrene-ethylene-propylene-styrene (block copolymer) | 苯乙烯-乙烯-丙烯-苯乙烯（嵌段共聚物） |
| SiBS | styrene-isobutylene-styrene (block copolymer) | 苯乙烯-异丁烯-苯乙烯（嵌段共聚物） |
| SIBS | styrene-isoprene-butadiene-styrene (block copolymer) | 苯乙烯-异戊二烯-丁二烯-苯乙烯（嵌段共聚物） |
| SIS | styrene-isoprene-styrene (block copolymer) | 苯乙烯-异戊二烯-苯乙烯（嵌段共聚物） |

| | | |
|---|---|---|
| STP | standard temperature and pressure | 标准温度和压力 |
| $T$ | absolute temperature | 绝对温度 |
| $T_g$ | glass transition temperature | 玻璃化转变温度 |
| $T_m$ | crystalline melting temperature | 结晶熔融温度 |
| TAC | triallyl cyanurate | 氰尿酸三烯丙基酯 |
| TAIC | triallyl isocyanurate | 三烯丙基异氰尿酸酯 |
| TFE | tetrafluoroethylene | 四氟乙烯 |
| TLD | thermoluminiscent dosimeter | 热释光剂量计 |
| TMET | trimethylolethane trimethacrylate | 三甲基丙烯酸三甲酯 |
| TMP(EO)TA | trimethylolpropane ethoxytriacrylate | 三羟甲基丙烷乙氧基三丙烯酸酯 |
| TMP(PO)TA | trimethylolpropane propoxytriacrylate | 三羟甲基丙烷丙氧基三丙烯酸酯 |
| TMPTA | trimethylolpropane triacrylate | 三羟甲基丙烷三丙烯酸酯 |
| TMPTMA | trimethylolpropane trimethacrylate | 三羟甲基丙烷三甲基丙烯酸酯 |
| TPE | thermoplastic elastomer | 热塑性弹性体 |
| TPGDA | tripropyleneglycol diacrylate | 三丙二醇二丙烯酸酯 |
| TPO | thermoplastic polyolefin (thermoplastic elastomer) | 热塑性聚烯烃（热塑性弹性体） |
| TPU | thermoplastic polyurethane (thermoplastic elastomer) | 热塑性聚氨酯（热塑性弹性体） |
| TPV | thermoplastic rubber vulcanizate (thermoplastic elastomer) | 热塑性硫化橡胶（热塑性弹性体） |
| TSCA | Toxic Substances Control Act | 有毒物质管制法 |
| UHMWPE | ultrahigh-molecular-weight polyethylene | 超高分子量聚乙烯 |
| UV | ultraviolet | 紫外线 |
| VDF | vinylidene fluoride | 偏氟乙烯 |
| VHF | very high frequency | 甚高频 |
| VOC | volatile organic compound | 挥发性有机化合物 |
| W & C | wire and cable | 电线电缆 |
| WFRP | wood fiber reinforced plastics | 木纤维增强塑料 |
| WPC | wood-plastic composite | 木塑复合材料 |
| XPE | cross-linked polyethylene(XLPE) | 交联聚乙烯（也称XLPE） |

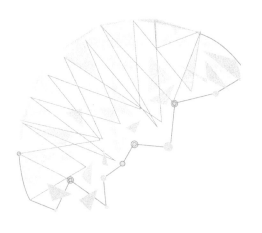

# 目　录

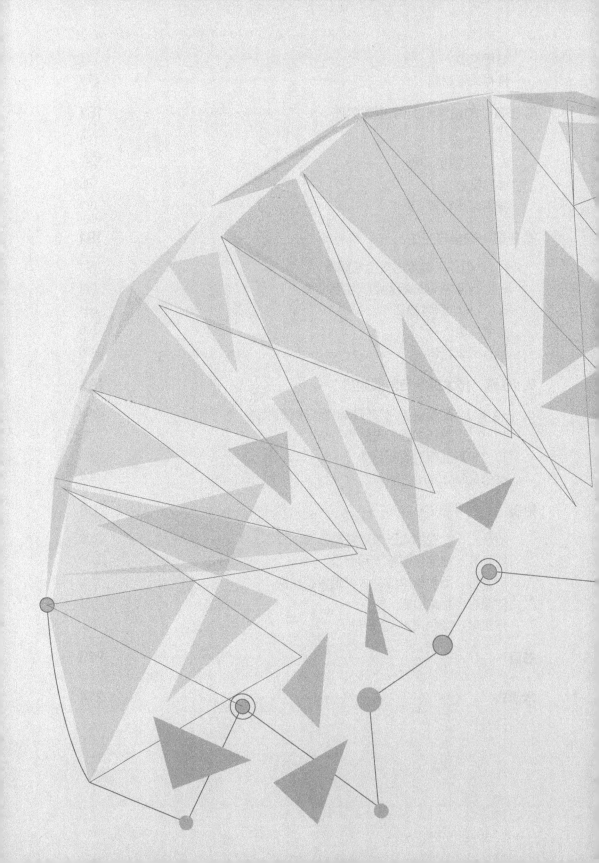

# 1.
## 导言

辐射能量是人类可获得的最丰富的能量形式之一。阳光是自然界中非常常见的辐射能量形式，是许多生物生存和生长过程中必不可少的能量来源。一些天然物质，如放射性元素，会产生一种可能对生命造成危害的辐射，但妥善加以利用后就成为医疗和工业中非常有用的工具。

## 1.1 辐射类型和辐射源

在科学、工业和医疗等领域中，能产生有用辐射的装置早已被发明和完善。阴极射线管发射脉冲，激活电视和电脑显示器的屏幕。X射线不仅被用作医学诊断工具，而且还被用作检验制造产品的分析工具，如分析聚合物基复合材料的结构。微波辐射不仅用于烹饪，而且还用于某些材料的加热和各种电子产品，包括紫外线固化。红外（IR）辐射用于加热、分析化学和各种电子设备中。离子束已广泛应用于半导体器件生产中的商业化离子注入以及金属的表面硬化，尽管由于穿透深度极低，它在聚合物材料加工中的使用仅限于某些特定领域，例如聚合物表面和薄膜的加工[1]。激光束辐射在医学、军事以及许多工业领域得到了广泛使用。

电子束（EB）辐射以及紫外（UV）辐射、红外辐射、可见光辐射、γ辐射、微波辐射、激光束辐射等电磁辐射，均可归属于电离辐射。不同电离辐射之间的差异见表1.1。

广泛应用于工业过程的人造电磁辐射——UV辐射和EB辐射，主要产生于两种由电供能的辐射源——高强度紫外线灯和电子加速器（电子枪）。UV和EB之间的区别在于，穿透物质的加速电子只受制于其质量，而高强度的紫外线只影响物质表面。EB和UV辐射都体现了对电能清洁和有效利用。在接下来的章节中，将主要关注电离辐射，包括EB、γ射线和X射线辐射，特别强调的是EB装置、工艺和应用。

表1.1 各种类型电离辐射的频率和波长

| 辐射 | 波长/μm | 频率/Hz |
| --- | --- | --- |
| 微波 | $10^3 \sim 10^5$ | $10^{12} \sim 10^{10}$ |
| 红外线 | $1 \sim 10^3$ | $10^{15} \sim 10^{12}$ |
| 紫外线 | $10^{-2} \sim 1$ | $10^{17} \sim 10^{15}$ |
| 软X射线 | $10^{-3} \sim 10^{-2}$ | $10^{17} \sim 10^{16}$ |

续表

| 辐射 | 波长/μm | 频率/Hz |
|------|---------|---------|
| 硬X射线 | $10^{-4} \sim 10^{-3}$ | $10^{19} \sim 10^{17}$ |
| 电子束 | $10^{-7} \sim 10^{-4}$ | $10^{21} \sim 10^{18}$ |
| γ射线 | $10^{-6} \sim 10^{-5}$ | $10^{20} \sim 10^{18}$ |

## 1.2 电离辐射

电离辐射可以改变受辐射材料的物理、化学和生物特性。目前在工业上，辐射主要应用于卫生保健产品，包括药品的灭菌、食品和农产品的辐照（为达到各种最终目标，如灭虫、延长保质期、抑制发芽、害虫控制和灭菌等）以及材料改性（如聚合、聚合物交联和宝石着色等）。

三种主要类型的电离辐射包括高能电子束、γ射线和X射线。它们不仅能够将液态单体和低聚物转化为固体，而且还能使固体聚合物的性质发生重大变化。此外，与紫外线和可见光辐射相比，它们可以在材料中穿透得更深，如图1.1所示。

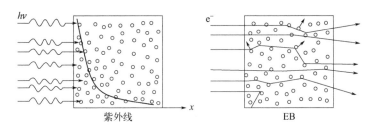

图1.1 UV和EB辐射的比较（基底厚度相等）

### 1.2.1 γ射线

γ射线是由不稳定原子的受激原子核（即所谓的放射性核素）发出的电磁辐射，是原子核重新排列进入低激发状态（即低能量态）过程的一个组成部分。γ射线是一束电磁能量——光子。这些光子是电磁波谱中能量最高的光子。从本质上讲，它们是由放射性同位素经放射性衰变发射出来的，能量在 $10^4 \sim 10^7$ eV之间。从一种特定的放射性同位素发出的所有γ射线都具有相同的能量。γ射线比α粒子或β粒子穿透物质的距离更深，在它们的路径中产生电离作用（电子破坏）。在活细胞中，这些破坏会导致DNA和其他细胞结构的损伤，最终导致有机体的死亡或使其无法繁殖。γ射线不会在其照射的材料中产生残留物或放射性，在这一点上与X射线相似（参见1.2.2）。使用$^{60}$Co辐射源的γ辐照具有较低的剂量率或单位时间内被物质吸收的剂量（约为$10^{-3}$ kGy/s）。γ射线的剂量率远低于EB。电离辐射的比较见表1.2。

表1.2　电离辐射的比较

| 特性 | 电离辐射 | | |
| --- | --- | --- | --- |
| | γ射线 | 电子束 | X射线 |
| 能量源 | 放射性同位素[①] | 电力 | 电力 |
| 源活度 | 半衰期5.27年 | 电源开-关 | 电源开-关 |
| 特性 | 光子（1.25 MeV），$\lambda=1.0 \times 10^{-3}$ nm | 电子，质量=$9.1 \times 10^{-31}$ kg | 光子，$\lambda=4.1 \times 10^{-3}$ nm |
| 电荷 | 无 | $1.60 \times 10^{-9}$ C | 无 |
| 装置 | 操作和维护方便 | 操作和维护复杂 | 操作和维护复杂 |
| 辐射 | 各向同性，不可控 | 单向（可以用磁体偏转扫描） | 正向峰值 |
| 穿透性 | 指数衰减 | 有限的范围，取决于电子能量 | 指数衰减 |
| 源衰减 | 连续衰减，需要定期添加源 | 无衰减 | 无衰减 |
| 屏蔽 | 连续辐射，需要更多的屏蔽 | 可以开启和关闭，对屏蔽的要求较低 | 可以开启和关闭，对屏蔽的要求较低 |
| 剂量率 | 10 kGy/h; $2.8 \times 10^{-3}$ kGy/s | 360000 kGy/h; 100 kGy/s | 960 kGy/h; 0.27 kGy/s |

注：①主要是$^{60}$Co。

与EB相比，γ辐照具有更高的穿透能力，这是照射大体积产品时的优势。然而，根据朗伯-比尔定律（Lambert-Beer law），吸收剂量随穿透深度的增加而呈指数减小：

$$I_t = I_0 e^{-at} \tag{1.1}$$

式中，$I_t$为穿过厚度$t$后的辐射强度；$I_0$为初始辐射强度；$a$为线性吸收系数；$t$为穿透厚度。这种衰减降低了整个物质中的剂量均匀性。

在医疗和工业应用中使用最广泛的放射性同位素是钴60 ($^{60}$Co)、铯137 ($^{137}$Cs) 和铱192 ($^{192}$Ir)。$^{60}$Co的半衰期为5.3年，$^{137}$Cs的半衰期为30年，$^{192}$Ir的半衰期为74天[1]（半衰期的定义：一种放射性物质的原子核衰变一半所需的时间）。当用于辐照时，同位素通常以1.5mm×1.5mm大小的团状装入不锈钢罐中并密封，或制作成圆棒状或铅笔形状。

与EB或X射线不同，γ射线不能被关闭。一旦放射性衰变开始，它就会一直持续下去，直到所有原子都达到稳定状态。放射性同位素只能被屏蔽以防止被照射。γ射线最常见的应用是一次性医疗用品的灭菌、消除药品中的微生物、减少消费产品中的微生物、癌症治疗以及聚合物加工（交联、聚合、降解等）。需要指出的是，经过γ射线辐照的产品不会产生放射性，因此可以正常使用。

γ辐射源的强度（或功率）被称为放射性活度，定义为原子核中伴随以辐射形式发射能量的自发变化数。放射性活度的单位是居里（Ci）或贝可勒尔［简称贝可（Bq）］。放射性活度的定义为放射性核素每秒的分解次数。贝可（Bq）是放射性活度的SI单位，$1Bq=1s^{-1}$。然而，这是一个非常小的放射性活度单位，传统上放射性活度是以居里（Ci）为单位来表示的，$1Ci = 3.7×10^{10} Bq$。对于一个γ辐射源，源功率可以由源活度计算出来，如$10^6$Ci相当于15 kW的功率。

## 1.2.2　X射线

X射线辐射（也称为伦琴辐射）是电磁辐射的一种形式。X射线的波长范围为10～0.01nm，比紫外线短得多，频率范围为$3×10^{16}$～$3×10^{19}$，能量范围为120eV～120keV。X射线由发现者威廉·康拉德·伦琴（Wilhelm Conrad Röntgen）命名，他称它们为X射线，表示一种未知的辐射类型[2]。

X射线在波长、频率和能量上跨越了三个数量级。按照它们的穿透能力，能量在0.12～12keV之间的被划分为软X射线，能量在12～120keV之间的被划分为硬X射线。由于X射线是一种电离辐射，它们对生物体有一定危险性。

有两种不同的原子过程可以产生X射线光子。一种过程产生轫致辐射（来自德语，意为"制动辐射"），另一种过程产生K壳层或特征辐射。这两种过程都涉及电子能态的变化。当加速运动的电子被急速减速时，由于与其他原子粒子的相互作用，就会产生X射线。在一个X射线系统中，大电流通过钨丝，将钨丝加热到几千摄氏度，产生一个自由电子源。在灯丝（阴极）和靶（阳极）之间建立一个高电压。这两个电极处于真空中，通常由钨制成。阴极和阳极之间的电压将电子从阴极拉出并加速，因为它们被阳极所吸引（见1.2.3）。当自由电子与原子的轨道电子或原子核相互作用而释放能量时，就会产生X射线。靶材料中电子的相互作用导致连续辐射光谱和靶材料特征X射线的发射。因此，γ射线和X射线的区别在于γ射线产生于原子核，而X射线则来源于核外（周围）电子或X射线发生器[3-6]。

用于产生X射线的EB尽管具有高功率和高剂量率，但其对于厚产品的穿透能力存在严重的局限性。然而，如果EB被转换成X射线，就可以克服低穿透性的问题。但转换到X射线的过程效率很低，因而X射线辐照只有随着高能和高束功率电子加速器的发展才具有商业可行性。

X射线主要用于医学的放射诊断[7]和晶体学。其他值得关注的用途包括X射线显微分析、X射线荧光分析法和用于检查工业零部件（如轮胎和焊缝检查）的工业射线照相检查法[8]。近期的一些报道和专利涵盖了X射线在多种聚合物部件加工中的应用，尤其是先进的纤维增强复合材料[9-13]❶。与γ射线类似，经X射线照射的产品不会具有放射性。

## 1.2.3 EB辐射

原则上，高真空（通常为$10^{-6}$ Torr，1Torr = 133.322Pa）中加热的阴极能产生快速电子。从阴极发射出的电子在阴极和阳极之间的静电场中加速。加速过程从处于负高压电位的阴极开始，到作为阳极接地容器的金属钛窗为止。加速的电子有时可以通过光学系统聚焦到加速器的窗口平面上[14]。

电子的能量增益与加速电压成正比，用电子伏（eV）表示，代表一个单位电荷粒子通过1V电位差所获得的能量。电子只有在能量高到能穿透加速器15～20μm厚的钛窗时才能离开真空室。第3章详细介绍了用于产生EB辐射的装置。

---

❶ 译者注：由于原著出版于2013年，因此书中关于"近期文献及专利"的表述均为截至2013年的进展。

## 1.3 离子束辐射

离子束是一种由离子组成的粒子束。与EB类似，高能离子束是通过粒子加速器产生的，不同的是使用了另一种粒子加速器——回旋加速器（图1.2）。由于传能线密度（LET）的差异，离子束的辐射效应不同于电离辐射。传能线密度是指入射粒子沿其路径在材料中沉积的平均能量。一般来说，离子束的LET比电子束的大，这取决于粒子的质量和能量。离子束辐射已广泛应用于半导体器件生产中的离子注入和金属表面硬化。然而，在过去的十年中，离子束已被用于涉及聚合物加工的商业应用。最初，它们的应用包括聚合物表面和薄膜的处理，因为它们的穿透深度很低[15]。但近期一些文献报道涉及用于碳纤维增强塑料的力学性能改性[16,17]、聚四氟乙烯（PTFE）的表面改性[18]以及燃料电池的生产[19]。

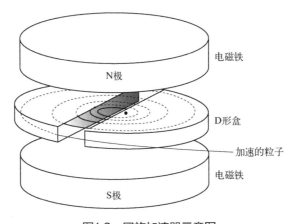

电磁铁

N极

D形盒

加速的粒子

电磁铁

S极

图1.2 回旋加速器示意图

## 1.4 激光束辐射

激光器是一种基于光子受激发射，通过光学放大过程来发出光（电磁辐射）的装置。"激光"一词最初是由受激辐射引起的光放大（light amplification by stimulated emission of radiation）的首字母缩写组成。发射的激光以其高度的时空相干性而闻名，这是其他技术无法实现的。

除了在医疗和军事领域的广泛应用外，激光还用于切割、焊接、材料热处理、标记零件和非接触测量等工业应用[20]。

## 参考文献

[1] NDT Resource Center, <www.ndt-ed.org>; November 5, 2009.

[2] Kevles BH. Naked to the bone medical imaging in the twentieth century.Camden, NJ: Rutgers University Press; 1996. p. 19-22.

[3] Dendy PP, Heaton B. Physics for diagnostic radiology. Boca Raton, FL: CRC Press; 1999. p. 12.

[4] Feynman R, Leighton R, Sands M. Feynman lectures on physics, vol. 1. Boston: Addison-Wesley; 1963. p. 2-5.

[5] L'Annunziata M, Baradei M. Handbook of radioactivity analysis. Waltham, MA: Academic Press; 2003. p. 58.

[6] Grupen C, Cowan G, Eidelman SD, Stroh T. Astroparticle physics. Heildelberg: Springer; 2005. p. 109.

[7] Smith MA, Lundahl B, Strain P. Med Device Technol 2003;16(3):16-18.

[8] Drobny JG. Radiation technology for polymers. Boca Raton, FL: CRC Press; 2010. p. 16.

[9] Ramos MA, Catalao MM, Schacht E, Mondalaers W, Gil MH. Macromol Chem Phys 2002;203(10-11):1370-6.

[10] Wang CH, et al. J Phys D 2008;41(19):8 [paper 195301].

[11] Sanders CB, et al. Radiat Phys Chem 1995;46(4-6):991-4.

[12] Berejka AJ. Electron beam curing of composites: opportunities and challenges. RadTech Rep 2002;16(2):33.

[13] Galloway RA, Berejka AJ, Gregoire O, Clelland MR. Processes for chemically reactive materials with X-rays. U.S. patent application 20080196829; 2008.

[14] Eckstrom DJ, et al. J Appl Phys 1988;64:1691.

[15] Clough RL. Nucl Instrum Methods Phys Res B 2001;185:11.

[16] Kudoh H, Sasuga T, Seguchi. High energy ion irradiation effects on mechanical properties of polymeric materials. Radiat Phys Chem 1996;48(5):545.

[17] Seguchi T, et al. Ion beam irradiation effect on polymers. LET dependence on the chemical reactions and change of mechanical properties. Nucl Instrum Methods Phys Res B 1999;151:154.

[18] Choi YJ, Kim MS, Noh I. Surface modification of a polytetrafluor-oethylene film by cyclotron ion beams and its evaluation. Surf Coat Technol 2007;201:5724.

[19] Yamaki T, et al. Nano-structure controlled polymer electrolyte membrane for fuel cell applications prepared by ion beam irradiation. Proceedings of conference proton exchange fuel cells. Cancun, Mexico: Electrochemical Society, Inc; October 29-November 3, 2006.

[20] Taniguchi N, Ikeda M, Miyamoto I, Miyazaki T. Energy-beam processing of materials. Oxford: Clarendon Press; 1989.

## 推荐阅读材料

Makuuchi K, Cheng S. Radiation processing of polymer materials and its industrial applications. Hoboken, NJ: John Wiley & Sons; 2012.

Industrial Radiation Processing with Electron Beams and X-rays. International Atomic Energy Agency.

Vienna, Austria; 2011. <www.iaea.org>.

Gamma Irradiators for Radiation Processing. International Atomic Energy Agency. Vienna, Austria. <www.iaea.org>

Drobny JG. Radiation technology for polymers. Boca Raton, FL: CRC Press; 2010.

L'Annunziata M, Baradei M. Handbook of radioactivity analysis. Waltham, MA: Academic Press; 2003.

Singh A, Silverman J, editors. Radiation processing of polymers. Munich: Hanser Publishers; 1992.

Taniguchi N, Ikeda M, Miyamoto I, Miyazaki T. Energy-beam processing of materials. Oxford: Clarendon Press; 1989.

Cuomo JJ, Rossnagel SM, Kaufman HR. Handbook of ion beam processing technology. Park Ridge, NJ: Noyes Publishing; 1989.

Feynman R, Leighton R, Sands M. Feynman lectures on physics, vol. 1. Boston: Addison-Wesley; 1963.

Charlesby A. Atomic radiation and polymers. Oxford, UK: Pergamon Press; 1960.

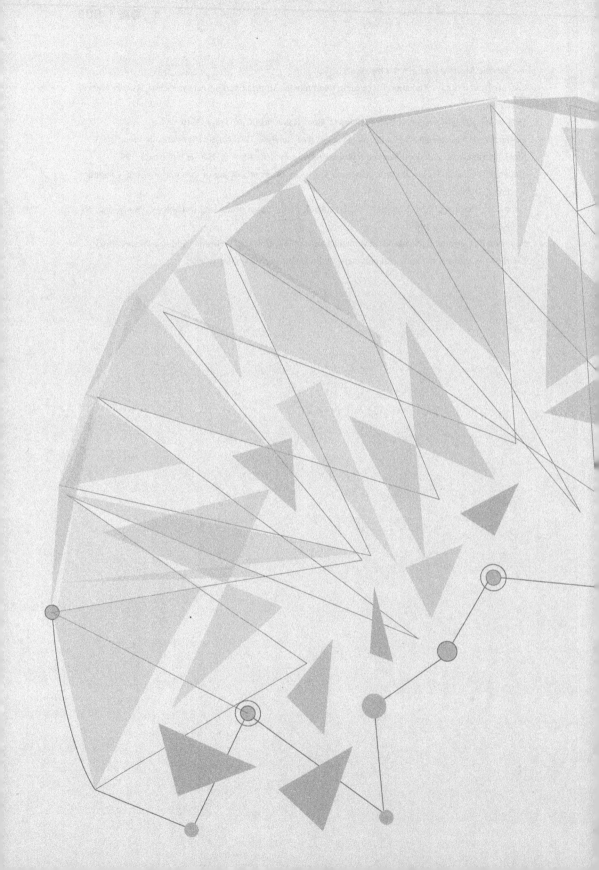

# 2

## 辐射化学和物理的基本原理

## 2.1 前言

任何电离辐射的主要作用都是基于其激发和电离分子的能力。电离辐射导致自由基的形成，然后引发反应，如聚合和/或交联，或聚合物降解。

当传递给被辐射物质的能量高于某一特定轨道电子能量时，该轨道电子被弹出，原子被电离。然而，如果能量不足以导致电离时，电子会被提升到一个更高的能级，导致激发（图2.1）[1]。大多数分子的电离势小于15eV，而工业辐照装置的能量在100keV～10MeV之间，因此，电离是主要的过程[1]。

一般来说，物质的变化取决于吸收能量的多少，而不管这些能量是由天然辐射源还是自然加速的电子产生的。这两种商业使用的辐射源在通过物质时强度都会降低，这是因为散射和能量转移到被辐射物质上。

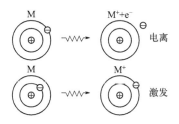

图2.1 电离和激发

单位质量受辐射材料所吸收能量的平均值，称为吸收剂量或简称剂量。吸收剂量单位为戈瑞（Gy），1Gy=1J/kg。更实用的吸收剂量单位是kGy，1kGy=1J/g。较老的单位是拉德（rad），$1rad = 10^{-2}Gy$，现在不再使用，但兆拉德（Mrad）仍偶尔出现在文献中。各种辐射效应所需的剂量列于表2.1。

表2.1 各种辐射效应的剂量要求

| 辐射效应 | 剂量要求 |
| --- | --- |
| 射线照相（胶片） | $10^{-3}～10^{-2}Gy$ |
| 人致死剂量（$LD_{50}$） | 4～5Gy |
| 抑制发芽（马铃薯、洋葱） | 100～200Gy |
| 清洁饮用水 | 250～500Gy |
| 昆虫防治（谷物和水果） | 250～50Gy |
| 废水消毒 | 0.5～1kGy |
| 真菌和霉菌控制 | 1～3kGy |

续表

| 辐射效应 | 剂量要求 |
|---|---|
| 食物腐败细菌控制 | 1～3kGy |
| 市政污泥消毒 | 3～10kGy |
| 杀灭细菌孢子 | 10～30kGy |
| 消灭病毒粒子 | 10～30kGy |
| 烟气脱硫脱氮（$SO_2$和$NO_x$） | 10～30kGy |
| 单体的聚合反应 | 10～30kGy |
| 聚合物改性 | 10～50kGy |
| 纤维素材料的降解 | 50～25kGy |
| 废旧聚四氟乙烯片（特氟龙）降解 | 500～1500kGy |

由放射性衰变产生的γ射线通过二次电子与受辐射的物质相互作用。γ射线的典型能量是几百电子伏，高于紫外线，略高于X射线。γ射线电离物质通过三个主要过程：①光电效应，②康普顿散射，③电子对的产生。在100keV～1MeV的宽能量范围内，康普顿散射是主要的吸收机制，入射γ光子失去足够的能量从受辐射物质原子中弹射出一个电子，而其剩余的能量则作为一个能量较低的新γ光子发射出去[2]。

EB辐照装置通过电磁场或静电场激励和加速电子流来产生电子束。电子束辐射的强度由加速电压和束电流控制。束电流决定了加速电子的数量：1安培（A）的电流电子流量为$6.3×10^{18}s^{-1}$。常用的电子能量范围为100keV～10MeV，束功率范围为0.5～200kW[1]。与γ射线相比，由加速器产生的电子束是单能量的。EB辐照装置的功率远高于γ辐照装置。

韧致辐射产生的X射线实质上是金属靶产生韧致辐射发射的光子。韧致辐射是一种电磁辐射，当带电粒子受到某种相互作用而改变其速度时，就会发出这种辐射。产率取决于靶（材料元素）的原子序数、厚度以及入射电子束的电流：靶（材料元素）的原子序数越高，X射线强度越高。韧致辐射光子不是单能的，而是在一定的能量范围内有一个分布。X射线的穿透率与γ射线相似，但剂量分布可能更为复杂[1]。

## 2.2 高能电子与有机物的相互作用

当电子束照射材料（包括加速器的出口窗口、间隙和被辐射的材料）

时，加速电子的能量被大大改变。由于大量的相互作用，电子损失了能量，并几乎连续不断地减速，尽管每一次相互作用的能量损失都很小。和其他带电粒子一样，电子通过两种类型的相互作用将能量传递到它们穿过的物质中：①与原子的电子发生碰撞，导致物质电离和激发；②与原子核的相互作用导致X射线光子的发射。

高能电子与有机物相互作用的过程可以简化为三个主要反应：

①电离　只有当相互作用过程中转移的能量高于成键电子的键合能时，才会发生电离：

$$AB \longrightarrow AB^+ + e^-$$

几乎同时，被电离的分子分解成自由基和自由基离子：

$$AB^+ \longrightarrow A\cdot + \cdot B^+$$

②激发　激发使电子从基态跃迁到激发态：

$$AB \longrightarrow AB^*$$

被激发的分子最终分解成自由基：

$$AB^* \longrightarrow A\cdot + B\cdot$$

③捕获电子　这个过程也可称为电离。能量更低的电子可以被分子捕获，产生的离子可以分解成自由基和自由基离子：

$$AB + e^- \longrightarrow AB^-$$

$$AB^- \longrightarrow A\cdot + \cdot B^-$$

除了这些初级反应外，还有各种离子或受激分子也参与的次级反应。这三个反应的最终结果是：通过不同的初级和次级断裂形成自由基，自由基可以引发自由基反应，导致聚合、交联、主链或侧链断裂、结构重排等。由分子初级激发引发的完整级联反应可能仅需要几秒钟。沉积的能量并不总是引起最初沉积的精确位置发生变化，它可以迁移并显著影响产品产率。图2.2所示的简化示意图描述了辐射诱发的反应。

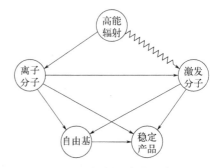

图2.2　辐射诱发的反应

能够对有机分子，如丙烯酸酯和环氧化物进行电激发和电离的电子，其能量必须在5～10eV范围内。这种电子可以由固体、液体和气体中的快速电子通过能量降低过程产生。这些二次电子的能量分布在50～100eV之间，并达到最大值。与能量在keV和MeV范围内的快速电子相反，这些二次电子只能在固体和液体中穿透几纳米距离。因此，它们在快速电子路径上的"液滴"中产生离子、自由基和激发态分子。塞缪尔（Samuel）和麦基（Magee）[3]将这种含有一些离子对、自由基和激发分子的液滴称为"刺迹"。

涉及单体和低聚物的聚合和交联，以及聚合物的交联、改性、接枝和降解的电子束化学过程是由刺迹中的电子最初形成的不同活性物质诱发的[4-6]。图2.3示出了活性物质的生成过程[7]。自由基是通过电离辐射处理聚合物过程中产生的重要的活性物质，它由聚合物主链的断裂或C—H侧链的解离产生。以下是电离辐射与聚合物、低聚物和单体相互作用的主要过程：

· 交联是聚合物链相互连接和形成三维网络的过程。

· 长链支化是使聚合物链产生支叉结构的过程。

· 链断裂导致聚合物分子量降低，最常见的原因是氧化或其他形式的降解，氧化和链断裂常常同时发生。

· 聚合可由单体和/或低聚物被辐照引起。聚合与交联的结合称为辐射固化。

· 接枝是通过新单体聚合并将新链连接到基体聚合物主链上的一种化学反应过程。

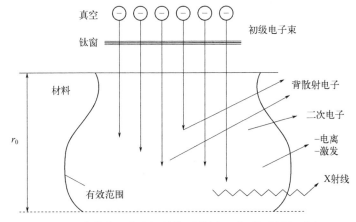

图2.3  高能电子产生活性物质的过程（$r_0$为穿透深度）

表2.2给出了自由基聚合、交联和主链断裂（聚合物降解）的机理。

表2.2　电离辐射诱发的反应机理

| 反应 | 机理 |
|---|---|
| 自由基聚合 | $RX + e^- \longrightarrow RX^*$　激发态<br>$RX^* \longrightarrow R\cdot + X\cdot$　自由基<br>$M + R\cdot \longrightarrow RM\cdot + M \longrightarrow RMM\cdot \longrightarrow RM_x$<br>M表示单体<br>R·表示自由基 |
| 交联 | $\sim\!\!CH_2-CH_2-CH_2\!\!\sim \longrightarrow \sim\!\!CH_2-\overset{\textstyle\cdot}{C}H-CH_2\!\!\sim + H\cdot$<br>$\sim\!\!CH_2-CH_2-CH_2\!\!\sim \longrightarrow \sim\!\!CH_2-CH-CH_2\!\!\sim + H\cdot$<br><br>$\sim\!\!CH_2-\underset{\textstyle\vert}{C}H-CH_2\!\!\sim$<br>$\sim\!\!CH_2-CH-CH_2\!\!\sim$ |
| 主链断裂-聚合物降解 | $\sim\!\!\overset{H}{\underset{H}{C}}-\overset{H}{\underset{H}{C}}-\overset{H}{\underset{H}{C}}\!\!\sim \longrightarrow \sim\!\!\overset{H}{\underset{H}{C}}\cdot \quad \cdot\overset{H}{\underset{H}{C}}-\overset{H}{\underset{H}{C}}\!\!\sim$<br><br>歧化反应<br>$\sim\!\!\overset{H}{C}=\overset{H}{\underset{H}{C}} \quad + \quad H-\overset{H}{\underset{H}{C}}-\overset{H}{\underset{H}{C}}\!\!\sim$ |
| 接枝 | $\sim\!\!\overset{H}{\underset{H}{C}}-\overset{H}{\underset{\textstyle\cdot}{C}}\!\!\sim + nX\cdot \longrightarrow \sim\!\!\overset{H}{\underset{H}{C}}-\overset{H}{\underset{X_n}{C}}\!\!\sim$<br>X表示单体 |

　　由于不同聚合物对辐射的反应不同，所以可以根据交联和链断裂对反应进行量化。为此，经常使用辐射化学产额（$G$，简称$G$值）作为参数。它代表辐射交联、断裂、双键化等的化学产额，用物质每吸收100eV（$1.602 \times 10^{-17}$J）能量发生反应的分子数表示，单位为$(100eV)^{-1}$，在SI单位制中以摩尔每焦耳（mol/J）表示，$1mol/J = 9.65 \times 10^6 (100eV)^{-1}$。辐射交联产额表示为$G(X)$，辐射断链产额表示为$G(S)$。例如，$G(X)=4.5(100eV)^{-1}$意味着在一定辐射条件下，每100eV在聚合物中产生4.5处交联。为了确定交联数或$G(X)$和裂解的数量或$G(S)$，就有必要知道在这些辐射条件下的剂量或

剂量率和辐照时间。通过产率，可以估计出哪种单体单元比例受到了辐射的影响[8]。

对于交联材料，交联密度的变化反映在材料浸没在相容溶剂中的溶胀程度。交联作用占优势时，交联密度增大，溶胀程度减小。如果链的断裂占主导地位，则发生相反的情况。因此，可溶组分的增加反映了裂解，而可溶组分的减少则反映了交联。

对于一种暴露于电离辐射时以交联为主的非交联材料，溶剂萃取实验表明，在一定的吸收剂量（"临界"剂量）下，材料的一部分会转化为不溶性凝胶。超过这个临界点，凝胶的百分比将随着剂量的增加而增加。一般情况下，交联度和断裂度均可通过溶胶分数由查尔斯比-平纳方程（Charlesby-Pinner equation）[9]来确定：

$$s+s^{1/2}=p_0/q_0+1/(q_0Du_1) \tag{2.1}$$

式中，$s$ 为溶胶分数；$p_0$ 为单位剂量的降解度；$q_0$ 为单位剂量的交联度；$D$ 为吸收剂量，kGy；$u_1$ 为数均聚合度。那么 $p_0/q_0$ 的数值表示链断裂与交联的比率。用 $s+s^{1/2}$ 对 $1/D$ 作图（图2.4），得到一直线，由此可以确定 $p_0/q_0$ 的比值，并计算出 $G(S)$ 和 $G(X)$ 的值。

一个类似的用于反映聚合物交联的方法是根据凝胶点计算 $G(X)$。凝胶点是聚合物变得不可溶解的剂量点。知道聚合物的平均分子量（$M_w$）和它在凝胶点的"剂量"（$D_g$），就可以确定辐射化学产额，从而得出不同聚合物的相对 $G(X)$ 值。凝胶点剂量（$D_g$）可通过采用一系列递增照射量（剂量）下的溶解度测试来确定，如图2.5所示[10]。对于某些聚

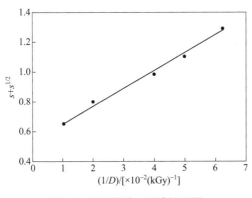

图2.4 查尔斯比-平纳关系图

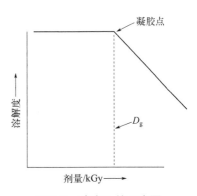

图2.5 确定 $D_g$ 的示意图

合物，如具有非常高熔体流动速率的聚乙烯（即低分子量），相互竞争的交联和断裂相互抵消，因此观察不到任何影响。对于含环结构的聚合物，其中吸收的辐射被认为会与碳环产生共振，$G(X)$ 和 $G(S)$ 值非常低，通常在 $10^{-2}$ 量级[10]。

查尔斯比-平纳方程已被很好地用于评价许多聚合物的 $G$ 值。然而，在某些情况下，作图并不能得出一条直线，这与推导查尔斯比-平纳方程时所使用的假设有关。这些假设是：

· 初始分子量分布为随机分布。

· 交联度与主链断裂度与吸收剂量成正比。

· 聚合物的结构对交联和主链断裂无影响。

为此，又提出了一些考虑到实际情况的修正[11-14]，所涉及的细节超出了本文的范围，读者可以在参考文献[1]中第 40 ～ 42 页找到关于这个问题的详细讨论。

聚合物根据其对电离辐射的响应可分为两类：一类表现出明显的交联；另一类则以断链为主（表 2.3）[15]。某些聚合物的 $G$ 值列于表 2.4。

显然，对电离辐射的响应取决于聚合物的结构，已经进行了大量的研究来建立两者的相关性。一项研究表明[16]，当聚合物单体单元包含至少一个 $\alpha$-氢时，如聚乙烯和聚偏氟乙烯，将发生交联；否则，主链将降解。另一项研究提出[17]，有两个侧链连接到一个主链碳上的乙烯基聚合物（即 —$CH_2$—$CR_1R_2$—，如聚甲基丙烯酸甲酯）或全卤代聚合物，如聚四氟乙烯，将会降解；那些带有单个或没有侧链的聚合物（—$CH_2$—$CR_1H$— 或 —$CH_2$—$CH_2$—）将交联。带有悬挂甲基的聚合物，如聚异丁烯和聚丙烯，暴露在电离辐射下容易降解。主链中含有或带有悬挂苯环的芳香族聚合物，如聚苯乙烯或聚碳酸酯，通常是耐电离辐射的[1]。

Wall[18]讨论了聚合热与降解或交联趋势之间的相关性。目前，人们普遍接受的机制是将一个聚合物链上的 C—H 键裂解形成一个氢原子，然后从一个邻近的链上抽取出第二个氢原子，这两个氢原子形成了 $H_2$ 分子。接着两个邻近的聚合物自由基结合形成一处交联，生成支链，直到每条聚合物链都与另一条链相连，最终形成一个三维聚合物网络。

相比之下，断链则发生 C—C 键的断裂，是交联的相反过程。交联增加了平均分子量，而断链则使之减少。如果辐射的能量很高，则 C—C 键的裂解会导致链断裂。

表2.3 根据电离辐射响应的聚合物分类表

| 交联为主的聚合物 | 降解为主的聚合物 |
| --- | --- |
| 聚乙烯polyethylene；聚丙烯polypropylene；聚苯乙烯polystyrene；聚氯乙烯poly(vinyl chloride)；聚乙烯醇poly(vinyl alcohol)；聚醋酸乙烯酯poly(vinyl acetate)；聚乙烯基甲基醚poly(vinyl methyl ether)；聚丁二烯polybutadiene聚氯丁烯polychloroprene；苯乙烯和丙烯腈共聚物copolymer of styrene and acrylonitrile；天然橡胶natural rubber；氯化聚乙烯chlorinated polyethylene；氯磺化聚乙烯chlorosulfonated polyethylene；聚酰胺polyamides；聚酯polyesters；聚氨酯polyurethanes；聚砜polysulfones；聚丙烯酸酯polyacrylates；聚丙烯酰胺polyacrylamides；聚二甲硅氧烷polydimethylsiloxane；聚二甲基苯基硅氧烷polydimethylphenylsiloxane；酚醛树脂phenol-formaldehyde resins；脲醛树脂urea-formaldehyde resins；三聚氰胺甲醛树脂（蜜胺树脂）melamine-formaldehyde resins | 聚α-甲基苯乙烯poly(α-methylstyrene)；聚（偏二氯乙烯）poly(vinylidene chloride)；聚氟乙烯poly(vinyl fluoride)；聚三氟氯乙烯polychlorotrifluoroethylene；聚四氟乙烯polytetrafluoroethylene；聚丙烯腈polyacrylonitrile；聚乙烯醇缩丁醛polyvinylbutyral；聚甲基丙烯酸甲酯poly(methyl methacrylate)；聚甲基丙烯腈polymethacrylonitrile；聚甲醛polyoxymethylene；聚丙烯硫醚poly(propylene sulfide)；聚乙烯硫醚poly(ethylene sulfide)；纤维素cellulose；聚丙氨酸polyalanine；聚赖氨酸polylysine；聚异丁烯polyisobutylene；脱氧核糖核酸DNA |

表2.4 聚合物的$G$值

| 聚合物 | $G$(X)值/$(100eV)^{-1}$ | $G$(S)值/$(100eV)^{-1}$ | $G$(X)/$G$(S) |
| --- | --- | --- | --- |
| 聚丁二烯 polybutadiene | 5.3 | 0.53 | 10 |
| 天然橡胶 natural rubber | 1.3~3.5 | 0.1~0.2 | 7.4 |
| 高密度聚乙烯 high-density polyethylene | 0.96 | 0.19 | 5.05 |
| 低密度聚乙烯 low-density polyethylene | 1.42 | 0.1~0.2 | 2.95 |
| 聚偏氟化乙烯 polyvinylidene fluoride | 0.6~1.0 | 0.3~0.6 | 3.33 |
| 聚甲基丙烯酸甲酯 polymethyl methacrylate | 0.45~0.52 | 0.05 | 6.6 |
| 尼龙66 polyamide 66 | 0.5~0.9 | 0.7~2.4 | 0.71 |
| 无规立构聚丙烯 atactic polypropylene | 0.4~0.5 | 0.3~0.6 | 0.91 |
| 全同立构聚乙烯 isotactic polyethylene | 0.16~0.26 | 0.29~0.31 | 0.67 |
| 丁基橡胶 butyl rubber | 0.5 | 2.9~3.7 | 0.18 |
| 聚异丁烯 polyisobutylene | 0.05~0.5 | 5 | 0.05 |
| 聚四氟乙烯 polytetrafluoroethylene | 0.1~0.3 | 3.0~5.0 | 0.05 |

然而，在含氧气氛中，断链的过程是以间接方式进行的。辐射产生聚合物自由基，氧气再与聚合物自由基加成；形成过氧化物，进而分解形成更短的链。

可以看出，从聚合物的宏观结构中预测辐射结果是非常困难的，但利用已知的分析技术，如溶胀性能测量、拉伸试验和核磁共振谱分析，探测辐射产生的次级物质要相对容易。

辐照下的交联和断链是两个共存且相互竞争过程，总体效果取决于两者中哪一个在特定时间占主导地位[1]。当$G(X)$大于$G(S)$时，总的结果是交联；反之，总的结果就是降解。$G(X)$值或$G(X)/G(S)$比值可用来评价辐射交联的效率。当$4G(X)$大于$G(S)$时，形成三维网络。聚合物的$G$值随辐射条件（如吸收剂量和温度）的变化而变化。

研究表明，弹性体的交联效率相对较低。室温辐照时，天然橡胶和聚丁二烯的$G(X)$值分别为$1(100eV)^{-1}$和约为$3(100eV)^{-1}$。温度在某些情况下有较大影响[19,20]。

几乎所有的聚合物被辐照时都发生气体逸出，生成的气体主要是氢气，也有甲烷、一氧化碳、二氧化碳和其他气体[21]。表2.5给出了一些聚合物的气体产率。

表2.5　聚合物的气体产率

| 聚合物 | $10^4$kGy下气体产率（STP）/（mL/g） |
| --- | --- |
| 聚乙烯<br>polyethylene | 70 |
| 聚苯乙烯<br>polystyrene | 1.5 |
| 聚α-甲基苯乙烯<br>poly(α-methylstyrene) | 1.5 |
| 天然橡胶<br>natural rubber | 7 |
| 苯乙烯-丁二烯橡胶（SBR） | 7 |
| 丙烯腈-丁二烯橡胶（NBR） | 5 |
| 异丁烯-异戊二烯橡胶（IIR，丁基橡胶） | 17 |
| 硅橡胶<br>silicone rubber | 20 |

续表

| 聚合物 | $10^4\,kGy$下气体产率（STP）/（mL/g） |
|---|---|
| 聚酰胺<br>polyamide | 25 |
| 苯酚-甲醛树脂（无填充）<br>phenol-formaldehyde resin | 3 |
| 苯酚-甲醛树脂（填充纤维素）<br>phenol-formaldehyde resin (with cellulose filler) | 17 |
| 苯酚-甲醛树脂（填充矿物质）<br>phenol-formaldehyde resin | <2 |
| 苯胺-甲醛树脂<br>aniline-formaldehyde resin | 约2 |
| 三聚氰胺-甲醛树脂（填充纤维素）<br>melamine-formaldehyde resin (with cellulose filler) | 10 |
| 尿素-甲醛树脂（填充纤维素）<br>urea-formaldehyde resin | 17 |
| 聚甲基丙烯酸甲酯<br>poly(methylmethacrylate) | 35 |
| 聚对苯二甲酸乙二醇酯<br>poly(ethylene terephthalate) | 3 |
| 醋酸纤维素树脂<br>cellulose acetate resin | 17 |
| 硝酸纤维素树脂<br>cellulose nitrate resin | 105 |

由于离子的形成，大多数塑料都存在辐射诱发导电性，感应电流大小是剂量率的函数。电导率通常在数天或数个月的时间内呈指数衰减[21]。

如果聚合物材料处于玻璃态，即低于玻璃化转变温度（$T_g$），或具有一定结晶度，EB或γ射线辐照可以产生陷落电子和陷落自由基。诸如聚合物热释光、导电性和颜色变化等现象以及晶体中的缺陷，都归因于离子物质。在γ射线辐照的聚乙烯中[22]发现了陷落电子。

一般来说，非晶态材料不倾向于产生陷落电子。含有陷落电子的聚合物材料在近红外光（$\lambda > 1000\,nm$）的照射下会发生光致褪色[23]。

任何一种辐射效应通常都会随温度的升高而增强。在低于$T_g$的温度下，会形成大量稳定的自由基（陷落在玻璃态的自由基），交联通常也因玻璃态的不迁移性而减少。在$T_g$以上的温度下，交联的趋势通常会增加，尽管断链过程也在增加。

半结晶聚合物包含结晶态和非晶态。一般来说，无论是EB还是γ射线辐照，对晶区的主要影响是造成一些缺陷。在高强度的辐照下，晶体的原始结构逐渐被破坏，这一过程几乎总是伴随着晶体熔点$T_m$的下降，例如聚对苯二甲酸乙二醇酯，在接受吸收剂量为20000 kGy的照射后，熔点降低了约25℃[24]。

## 参考文献

[1] Makuuchi K, Cheng S. Radiation processing of polymer materials and its industrial applications. Hoboken, NJ: John Wiley & Sons; 2012.

[2] Bradley R. Radiation technology handbook. New York, NY: Marcel Dekker; 1984. p. 17.

[3] Samuel AH, Magee JL. J Chem Phys 1953;21:1080.

[4] Clegg DW, Collyer AA, editors. Irradiation effects on polymers. London: Elsevier; 1991.

[5] Singh A, Silverman J, editors. Radiation processing of polymers. Munich: Carl Hanser Verlag; 1992.

[6] Mehnert R. Radiation chemistry: radiation induced polymerization in Ullmann's encyclopedia of industrial chemistry, vol. A22. Weinheim: VCH; 1993. p. 471.

[7] Garratt PG. Strahlenha rtung. Hannover: Curt R.Vincentz Verlag; 1996. p. 61, In. German.

[8] L'Annunziata M, Baradei M. Handbook of radioactivity analysis.Waltham, MA: Academic Press; 2003. p. 58.

[9] Charlesby A, Pinner SH. Proc R Soc London Series 1959;A249:367.

[10] Industrial Radiation Processing with Electron Beams and X-rays. International Atomic Energy Agency. Vienna, Austria; 2011. p. 33. <www.iaea.org>.

[11] Olejniczak J, Rosiak J, Charlesby A. Radiat Phys Chem 1991;37:499.

[12] Rosiak J. Radiat Phys Chem 1998;5:13.

[13] Sun J. Radiat Phys Chem 2001;60:445.

[14] Zhang L, Zhou M, Chen D. Radiat Phys Chem 1994;44:303.

[15] Clough R. In: Kroschwitz JI, editor. Encyclopedia of polymer science and engineering, vol. 13. New York, NY: John Wiley & Sons; 1988.

[16] Miller AA, Lawton EJ, Balwit JS. J Polym Sci 1954;14:503.

[17] Charlesby A. Atomic radiation and polymers. New York, NY: Pergamon Press; 1960. p. 184.

[18] Wall LA. J Polym Sci 1955;17:141.

[19] Pearson RW, Bennett JV, Mills IG. Chem Ind (London) 1960:1572.

[20] Kozlov VT, Yevseyev AG, Zubov PI. Vysokomol Soed 1969;A11 (10):2230.

[21] Willis PB. Survey of radiation effects on materials, a presentation at the OPFM Instrument Workshop. Monrovia, CA; 2008 [OPFM5 Outer Planet Flagship Mission].

[22] Keyser RM, Tsuji K, Williams F. Macromolecules 1968;1:289.

[23] Dawes K, Glover LC. In: Mark JE, editor. Physical properties of polymers handbook. Woodbury, NY: American Institute of Physics; 1996. p. 562.

[24] Kusy RP, Turner DT. Macromolecules 1978;4:337.

# 推荐阅读材料

Makuuchi K, Cheng S. Radiation processing of polymer materials and its industrial applications. Hoboken, NJ: John Wiley & Sons; 2012.

Industrial Radiation Processing with Electron Beams and X-rays, International Atomic Energy Agency, Vienna, Austria; May 2011.

Gamma Irradiators for Radiation Processing, International Atomic Energy Agency, Vienna, Austria.

Drobny JG. Radiation technology for polymers. 2nd ed. Boca Raton, FL: CRC Press; 2010.

L'Annunziata M, Baradei M. Handbook of Radioactivity analysis. Academic Press; 2003.

Singh A, Silverman J, editors. Radiation processing of polymers. Munich: Hanser. Publishers; 1992.

Taniguchi N, Ikeda M, Miyamoto I, Miyazaki T. Energy-beam processing of materials. Oxford: Clarendon Press; 1989.

Cuomo JJ, Rossnagel SM, Kaufman HR. Handbook of ion beam processing technology. Park Ridge, NJ: Noyes Publishing; 1989.

Feynman R, Leighton R, Sands M. Feynman lectures on physics, vol. 1. Addison-Wesley; 1963.

Charlesby A. Atomic radiation and polymers. Oxford, UK: Pergamon Press; 1960.

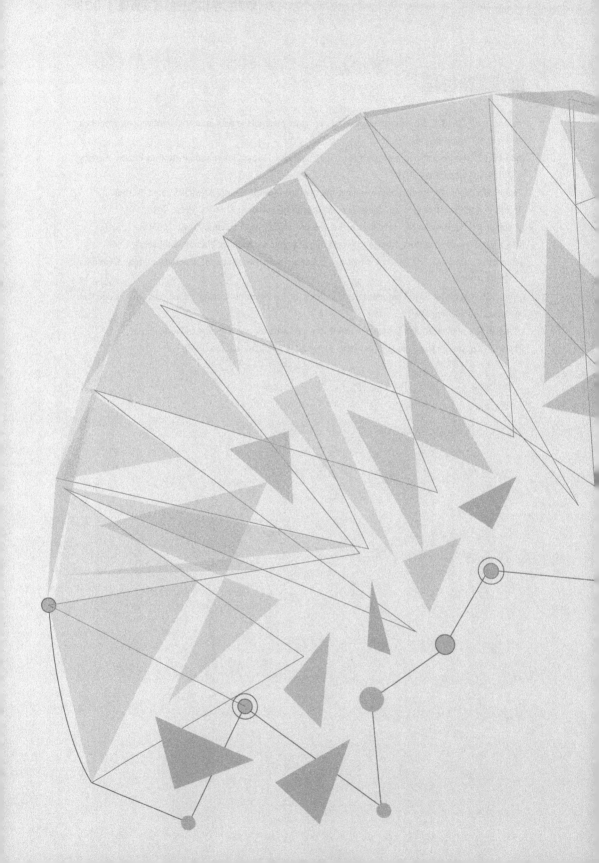

# 3

## 聚合物辐射加工装置

目前，有三种产生电离辐射的装置用于加工聚合物：γ射线辐照装置、EB加速器装置、X射线装置。每一种都适用于特定类型的应用，因为它们的性质各有不同，如穿透深度、剂量率、剂量分布、温度效应、生产量、交联工艺的类型和程度、交联的类型、链断裂的程度和降解。γ射线源和EB源的比较已在1.2.1中进行讨论。

## 3.1  γ射线辐照装置

钴60现在几乎只作为工业应用的γ射线辐射源，这主要是由于其生产方法简单，而且不溶于水。在辐照过程中，γ射线辐射源具有以下优点：

- 加工过的产品可立即使用。
- 加工过程中产品的温升最小。
- 穿透率高。
- 非常精确和可重复性的加工过程。
- 过程控制简单（仅需控制剂量）。

放射性核素钴60($^{60}_{27}$Co)是辐射技术中最常用的γ射线辐射源，可用于工业和医疗目的。它是在一个专门设计的核动力反应堆中用中子辐射非放射性的钴59($^{59}_{27}$Co)制备的。这个过程需要18～24个月，取决于所处位置的中子通量。

钴60主要以棒状或铅笔状的形式使用（图3.1）。铅笔状源是由不锈钢制成双层胶囊式，长约45cm（18in），直径约8mm（0.3in）。这些胶囊里包裹了放射性物质。这些"铅笔"成组地构成子组件，然后被放置在源模块的预定位置。这些源模块分布在工业辐照装置的源架上（图3.2）。当不使用时，这些模块储存在一个深水池中。

当源模块处于使用状态时，钴以下列方式衰变：首先$^{60}_{27}$Co通过$\beta$衰变发射一个能量为0.31MeV的电子而衰变为激发态的$^{60}_{28}$Ni*，然后，激发态$^{60}_{28}$Ni*通过连续发射两个γ射线（光子）（1.17MeV和1.33MeV），落回基态$^{60}_{28}$Ni。钴60的衰变99.8%的情况下会遵循这条路径（图3.3）。该过程的简化方程为：

$$^{60}_{27}\text{Co} \longrightarrow \,^{60}_{28}\text{Ni*} \longrightarrow \,^{60}_{28}\text{Ni}$$

激发态　　　基态

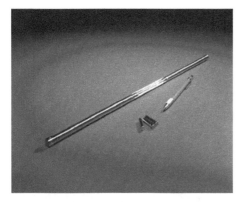

图3.1 钴60源棒（铅笔状）[图片由
Nordion (Canada) Inc.提供]

图3.2 源架[图片由Nordion
(Canada) Inc.提供]

钴60向镍60转变发出的两个γ光子（1.17MeV和1.33MeV）是钴60γ射线辐照装置可以进行辐射加工的主要原因。

在辐射加工过程中，一种产品或材料被有意地照射以进行保存、改性或提升其特性。这一过程是通过将产品放置在辐射源附近一段固定的时间间隔，使产品接受辐射源发出的辐射来实现的。到达产品的辐射能的一部分被产品吸收，吸收量取决于产品的质量和成分以及照射时间。对于每一种产品，都需要一定量的辐射能才能实现预期的效果，确切的值是通过研究来确定的。

钴源的强度（放射性水平）随着衰变而降低，约5.27年下降至50%，或者差不多1年下降约12%。须将额外的钴60"铅笔"定期添加到源架上，以维持所需的源强。钴60"铅笔"在使用寿命（通常为20年）结束时，最终从辐照装置中移除。一般来说，它们会返还给供应商进行重复使用或处置。在大约50年的时间里，99.9%的钴60会衰变为无放射性的镍。对于目前可用的商用γ射线辐照装置，通常辐射源发射能量的30%被产品有效吸收[1]。

商用γ射线辐照装置（图3.4）包括辐照室、辐射源架的屏蔽存

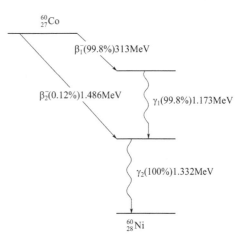

图3.3 放射性核素钴60的衰变路径

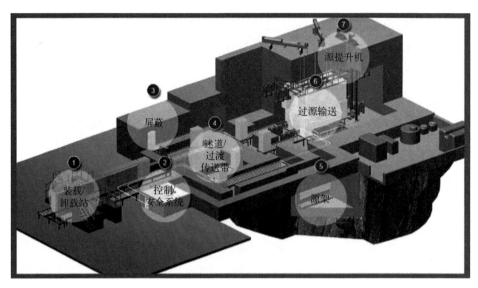

图3.4　商用γ射线辐照装置［图片由Nordion (Canada) Inc.提供］

储室、辐照室周围的辐照屏蔽、控制台、产品容器、产品运输系统、控制和安全联锁系统和产品装卸区域。辐照屏蔽通常由一个足够厚（通常为2m厚）的混凝土墙组成，以减弱从辐射源发出的辐射。混凝土墙被建成一个迷宫式，在允许产品移动的同时显著减少到达控制台的散射。

市面上有几种类型的辐照装置，装置的大小取决于预期的用途。所有辐照装置的设计原则都是最大限度地利用辐射能，在产品中提供相对均匀的剂量，并确保安全和易于操作。本质上，有两种主要的辐照装置类型：①独立型辐照装置；②全景式辐照装置。

独立型辐照装置是专门为需要小剂量和相对较小生产量的研究和应用而设计的，如血液辐照和用于害虫防治的昆虫生殖绝育。这种辐照装置的主要优点是安装和操作方便、剂量率高、剂量均匀性好。这种辐照装置被国际原子能机构（IAEA）划分为第Ⅰ类（干法贮源）和第Ⅲ类（湿法贮源）[2]。

全景式辐照装置用作中试规模和商业规模的辐照应用。这里的射线源是由几个钴60源棒排列在一个平面或一个圆柱体中。这种辐照装置被国际原子能机构划分为Ⅱ类（干法贮源）和Ⅳ类（湿法贮源）[3]。

产品中的剂量率与辐射源的活度成正比。操作员通过调整产品暴露于辐射中的时间来控制产品的吸收剂量。对于目前可用的商业γ射线辐照器，通常辐射源发出能量的30%被产品有效地吸收。根据辐照方法和所涉及的产品，可以有几种设计（批量辐照装置、货盖源、源盖货或托盘辐照装置）。

工艺剂量，即在产品中达到预期效果所需的剂量，可以通过辐射研究来确定，这涉及确定产品/效应的剂量-效应关系[1]。一般来说，这类研究的结果是确定两个剂量限制：剂量下限规定了达到产品预期效果所需的最小剂量，剂量上限则确保辐射不会对产品的功能产生不利影响。剂量上限与剂量下限的比值可称为剂量限制比[1]。

随着辐射穿过产品，其强度在产品中逐渐下降（见1.2.1）。辐射强度随穿透深度下降的现象称为深度-剂量分布。下降速率取决于产品的组成和密度，以及γ射线辐射的能量。除了在深度上的变化外，侧向上也会有剂量的变化。这种变化取决于照射几何形状。这两种类型的剂量变化导致了产品剂量的不均匀性。描述这种剂量不均匀性的一种公认方法是使用剂量均匀性比（DUR）的概念，即产品容器中的最大剂量与容器中的最小剂量的比值。这个比值应该尽可能地接近于1。

## 3.2　电子束辐照装置

目前可用商用电子束加速器的加速电压范围从100kV到10MeV不等。20世纪50年代，电子束技术最初的发展集中在加速电压为1～2MV、束功率为5～10kW的加速器上，主要适用于塑料材料的交联。到20世纪60年代，成功的应用需要高达3MV和4MV的电压和高达100kW的功率输出水平[4]。300kV以下的低压设备是在20世纪70年代开发的，它们的设计中没有用于高压设备的束扫描。在较低电压范围内的EB输送像连续的"淋浴"或"帘式"，横跨产品的整个宽度。低压设备的主要应用是涂层和其他膜层[4]。之后的设计中采用70～125kV范围内的电压，其电子能量适用于处理小于25μm厚的薄层油墨和涂料。

### 3.2.1　工业电子束辐照装置的设计和运行

产生高能电子的原理非常简单。电子在真空中由加热的阴极发射，并在阴极和阳极之间的静电场中加速，加速发生在连接到负高压电势的阴极和阳极接地的加速器窗口之间。通常使用电子光学系统将加速电子聚焦到加速器窗口平面上。

电子的能量增益与加速电压成正比。以电子伏（eV）表示，即单位电荷粒子通过1V的电位差获得的能量。如果电子的能量高至足以穿透低能量范围内使用的6～14μm厚的钛窗膜和高能量范围内使用的40～50μm厚的膜，那么电子就能离开真空室并到达加工区。

正如2.2中所指出的，材料阻挡高能电子会产生X射线。因此，必须对电子加速器和加工区域进行屏蔽，以保护操作人员。对于能量高达300keV的电子，铅包层厚度达到2.54cm（1in）的自屏蔽就足够了。对于产生更高能量电子的系统，设备周围须要有混凝土或钢拱顶保护，如图3.5所示。

电子束加速器的基本电气参数是其加速电压、电子束电流和电子束功率。电子束功率与输入电功率之比决定了电子加速器的效率[5]。如2.2节所述，加速电压决定了电子的能量。

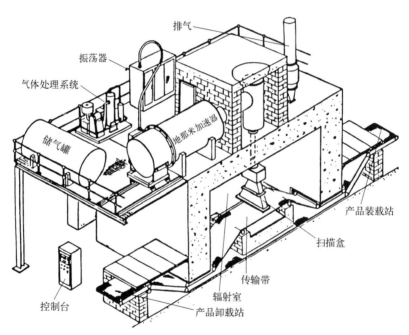

图3.5　传统的高能电子束装置设计
（经Elsevier Science允许引用）

### 3.2.1.1　粒子加速器

粒子加速器产生的带电粒子的速度略高于6,000英里/秒（约9.66×10⁶m/s），接近光速。加速的粒子通常形成粒子束，直接入射到靶材上[6]。当粒子束通过窗口时，一些粒子会发生偏转，并可能与原子核发生相互作用。最终的影响取决于入射粒子的能量和性质。图3.6所示为一种粒子加速器[6]。

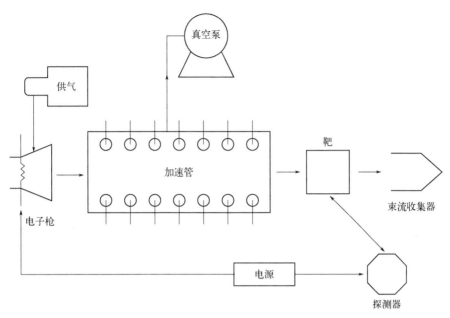

图3.6 粒子加速器示意图

工业上应用的加速器有很多种，它们主要用于加速电子，也可以用来加速离子。本书将对电子加速器进行一些详细的讨论。

本质上，用于工业电子束的电子加速器有两种类型。直接加速器也称为电位降加速器，需要产生对应于加速电子最终能量的高电位。间接加速器通过重复应用时变电磁场产生高电子能量（J. Chrusciel）。直接加速器广泛用于低能和中等能量应用，因为它们能够提供具有高平均电流和额定功率的连续电子束，从而转化为高加工速率。对于更高能量（约5MeV），使用微波辐射、甚高频（VHF）辐射或脉冲电源的间接加速器更为合适。现代加速器可以产生高达几百千瓦的束流功率和高达15MeV的电子束能量。

### 3.2.1.1.1 直接加速器

从原理上来说，直接电子加速器都由一个连接到真空加速系统的高压发生器组成。目前使用的不同直接加速器在电子发射、加速和色散方面采用的方法类似，不同之处在于电压发生器的设计。

电子来源于热离子阴极，它通常使用钨或钍钨丝，钽丝或六硼化锂也被用作阴极。电子发射通常由阴极温度的变化来控制，也可以通过一个可变电压的栅极来实现。电子束在由一系列电极或倍增极确定的内部场中被提取、聚焦和加速。这些电极或倍增极具有从电阻分压器获得的中间电位。电子在整个加速管中不断地获得能量。加速后，利用时变电磁场对聚焦的电子束进行扫描输出，扫描频率至少为100Hz。形成的发散电子束在真空扫描盒（喇叭）内扩展，然后穿过一层薄金属箔进入空气中。这种金属箔通常由钛制成，也可使用其他金属，如铝合金或钛合金。为了减小电子能量的损失，在0.5MeV以上的情况下，钛箔的厚度在25～50μm之间，在0.3MeV以下的情况下，钛箔的厚度在6～15μm之间。扫描盒的窗口宽度可达2m（80in）。

（1）静电加速器（electrostatic generators）

静电加速器的原理是通过在低压和高压终端之间机械移动静电荷而产生高电势。不管是哪种设计的静电加速器都使用了大量的橡胶带、链条或带有绝缘链接的金属电极以及旋转玻璃圆筒。压缩气体，如氮气、六氟化硫（$SF_6$）、氟里昂和二氧化碳，用于高压绝缘，以减小设备的尺寸。范德格拉夫发电机（图3.7）就是这样一种典型装置，它是一种皮带驱动的机器，最初是在20世纪30年代为研究核物理而开发的。20世纪50年代，开发出了能够提供几千瓦、能量高达4MeV的电子束功率的工业装置，它用于EB交联塑料薄膜、管材、绝缘电线电缆和生物医学领域[7]。目前，这些装置已无法与现代大功率装置竞争，因此很少在工业中使用。

（2）谐振变压器型加速器（resonant transformers）

谐振变压器型加速器产生的脉冲电子束一般被限制在平均电流约5～6mA范围内，因为它们的工作频率相对较低，为180Hz。这种加速器的电压不像其他工业加速器那样进行过整流，商用谐振变压器型加速器的高压（通常为1.0MV和2.0MV）在其谐振频率下产生脉动电流，这种脉动电流使辐照材料难以获得均匀剂量。这种机器包括一个压力罐，其中放置无铁芯谐振变

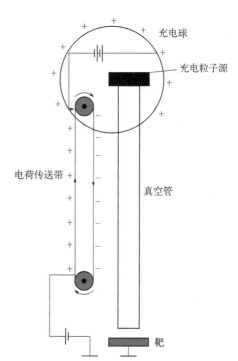

图3.7 范德格拉夫发电机/静电加速器示意图

压器和放电管。串联的次级绕组向高压终端馈电。该系统仅在负半周期内提供束流，电压变化在零和机器设计提供的峰值之间。六氟化硫气体用于电气绝缘[8]。

（3）铁芯变压器型加速器（iron core transformers）

铁芯变压器型加速器中铁芯连接整流电路可以产生约1MV的电压。传统的铁芯变压器是用油绝缘的，但最近的机型使用六氟化硫❶。这些加速器的能量范围在0.3～1MeV之间，束功率可高达100kW[9,10]。

（4）绝缘芯变压器型加速器（insulating core transformers）

绝缘芯变压器型加速器（ICT）是在20世纪50年代末和60年代初开发的，用于取代范德格拉夫静电加速器，以提供更高的束流功率，从而提高加工速度。ICT由带有多个次级绕组的三相变压器组成，次级绕组由铁芯段串联供电。这些铁芯段由薄片介电材料隔开。低压、低频交流电源通过连接到最近铁芯段的整流电路转换为高压直流电源。这样，系统中的电应力达到最小化。ICT设计能够比传统铁芯变压器具有更高的电压额定值[9]。绝缘介质为六氟化硫气体，电效率接近85%[11-14]。ICT电源的终端电压连接到加速管上。工业应用的电子束从钨丝发出，并在真空管内进行加速，就像在其他直流加速器中一样。

最近❷生产的ICT加速器的额定能量为0.3～3.0MeV，束功率高达100kW。到20世纪90年代初，有近180台（其中大多数额定功率小于1MeV）这样的加速器装置在使用，主要用于热收缩膜、塑料管和电线电缆的交联[9]。

（5）考克罗夫特-沃尔顿加速器（Cockcroft-Walton generators）

这类加速器本质上是级联加速器。在这种类型的电子加速器中，高压是由电荷的增量运动产生的。高压系统是一种电容耦合的级联整流器，它将低压、中频（3kHz）交流电源转换为高压直流电源。电容性耦合电路串联连接。采用六氟化硫作为绝缘材料[15]。考克罗夫特-沃尔顿加速器有不同的设计。三相整流电路在低能、大电流中采用，而传统的单相级联对应的能量为1～3MeV，平衡两相系统对应的能量为1～5MeV，束功率额定值可达100kW，电效率约为75%[16]。

（6）地那米加速器（Dynamitron）

地那米加速器（图3.8）中，高压直流电是由高频（100kHz）交流电源

---

❶ 译者注：该日期为本书原著出版的2013年。

❷ 同上。

供电的级联整流电路产生的。整流器由一对围绕着高压柱的半圆柱形电极平行驱动。这种布置通过去除串联耦合考克罗夫特-沃尔顿加速器中使用的大型高压电容器，提高了最大电压下的可靠性。由于高频振荡器的功率损耗，采用三极真空管的地那米加速器的电效率约为60%[17,18]。这些机器的能量为0.5～5MeV，束功率高达250kW。超过150台地那米加速器被用于聚合材料的交联[9]，其中大多数的能量在1MeV以上。一些能量超过3MeV的大型装置也被用于对医疗产品的灭菌[19]。最大的型号可以在3～5MeV能量范围内提供

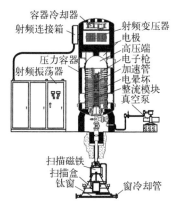

图3.8 直接加速器（地那米型）示意图（图片由IBA Industrial提供）

250kW的束流功率，且配备了用于X射线加工的大功率转换靶[20,21]。

#### 3.2.1.1.2 间接加速器

这种加速器通过将低能电子的短脉冲注入含有强微波辐射的铜波导中来产生高能电子。当注入相达到最佳状态时，电子能够从交变电磁场中获得能量，它们的最终能量取决于场的平均强度和波导的长度[16]。这种加速器被称为微波直线加速器或直线加速器，是最普遍的间接加速器类型[16]，结构如图3.9所示。

为了获得足够高的电子能量，直线加速器的平均束流和功率水平远低于大多数直流加速器。与具有相同电子能量的直流加速器相比，微波组件的相对低电压和接地铜波导的使用使得加速器尺寸更小，但缺点是总体电效率较低，介于20%～30%之间[22]。

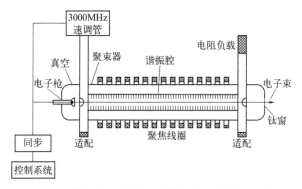

图3.9 间接加速器（微波直线加速器）结构示意图

低功率直线加速器主要用于癌症治疗和工业射线照相，而中等功率直线加速器用于辐射加工。

（1）行波直线加速器（traveling wave linacs）

在行波（TW）直线加速器中，微波功率从波导的一端注入，然后传播到另一端。此时，剩余的微波功率都在电阻负载中耗散。低能电子也随着微波功率注入，与移动的电波同步运动，不断地从中获得能量。

峰值微波功率必须是兆瓦级，才能获得每米数兆电子伏的能量增益。该系统必须在短的重复脉冲中运行，以保持平均微波功率低于合理的水平。在电子能量为10MeV时，平均束功率为10 ~ 20kW，脉冲期间的EB电流范围为0.1 ~ 1.0A[23]。虽然在最佳的束电流下，TW直线加速器可以以80% ~ 90%的效率传输微波功率[24]，但由于速调管的微波产生效率较低，其整体的电转换效率通常在30%以下。

（2）驻波直线加速器（standing wave linacs）

驻波（SW）直线加速器由谐振腔线性阵列组成，谐振腔由普通微波电源供电。这些腔体都被具有小直径孔洞的腹板隔离，高能电子束从这些小孔中通过。然而，它们通过中间腔相互耦合，从而稳定了加速腔之间的微波相位关系。

同有类似能量和束流功率额定值的TW型直线加速器相比，SW型直线加速器具有更高的电阻抗或品质因数（$Q$）[16]。这可以为相同长度的波导提供更高的能量增益，或者为相同的能量增益提供更短的波导，对于需要紧凑型加速器的给定应用来说，是一个优势。

（3）谐振腔加速器（resonant cavity accelerators）

谐振腔加速器由多个谐振腔串联组成，由一个采用微波功率分配系统的S波段速调管供电[25]。另一个系统由一个三极管供电的VHF腔组成，三极管比速调管便宜。后者的共振频率约为110 MHz，远低于微波范围[26]。电子能量为数兆电子伏的谐振腔加速器适用于辐照薄聚合物产品，如热收缩管和电线[27]。

（4）直线感应加速器（linear induction accelerators）

直线感应加速器（LIA）通过让电子束穿过一系列单圈的环形脉冲变压器来加速电子。各级的能量增益等于施加于初级绕组的电压。束流起到次级绕组的作用。LIA的电阻抗很低，这使得它适用于加速高峰值束流。原则上，这种加速器的电效率可以远高于微波直线加速器[28]。

有关电子加速器的设计、工作原理和性能特征的详细信息，请参阅文献[6,11,12,29,30]。

（5）Rhodotron加速器

Rhodotron是一种电子加速器，其原理是电子束在VHF频率范围内连续通过谐振的单个同轴腔进行再循环。这种大直径的腔体工作时微波场相对较低，使得它能够实现连续波（CW）加速EB到高能量。

Rhodotron腔的形状为两端短接的同轴线，在半波长模式107.55MHz或215MHz下谐振。电子束通过连续通道沿直径穿过中间平面腔体（图3.10）[31]。外部偶极磁铁用于折回空腔中出来的电子，将电子重新定向到腔中心。使用四极管高功率射频系统产生的电场使得每次穿越的能量增益为0.83～1.17MeV。因此，需要10或12次穿越（即9个或11个弯曲磁铁）才能在加速器的出口获得10MeV的EB。一个高功率型号的机器可以在通过6次的条件下产生100mA，5～7MeV的电子束。在这个型号中，EB的平均功率在500～700kW范围内，可以用来产生强X射线（韧致辐射）束。由于电子沿着玫瑰花瓣状的路径运动，因此命名为Rhodotron，来源于希腊语"rhodos"，意思是"玫瑰花"[31]。

电子枪位于加速腔的外壁，电子在大约35～40kV的电压下注入腔内。腔体由同轴导体和端部法兰上的水套以及沿外径的离散水通道进行冷却。该系统设计为在外部温度达到35℃（95℉）时与功率为2MW的冷却塔一起运行，因此不需要水冷却器[31]。射频放大器检测并跟踪腔体谐振频率的变化，因此不需要对腔体温度进行精确控制。

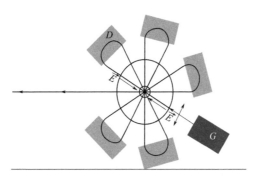

图3.10　Rhodotron加速器工作原理图（图片由IBA Industrial提供）

EB的质量非常高，具有低能量分散和低角发散的特点[32]，这就简化了外部束流传输和扫描系统的设计和操作[33]。束流传输系统包括一个喇叭状扫描盒（带有真空-大气金属箔窗）。图3.11是一个带有扫描盒的Rhodotron。

控制系统是基于工业可编程逻辑控制器（PLC）。它包括加速器的全自动操作、维护和故障诊断所需的所有软件[31]。

除了为通常的EB应用提供5~10MeV的电子能量输出外，Rhodotron还可以用来从金属靶上产生可以用于工业应用的轫致辐射X射线[31,34-36]。Rhodotron特别适用于需要1~10MeV能量范围的强大束功率（30~200kW）的应用[37]。

（6）ILU加速器

ILU加速器是由俄罗斯新西伯利亚的布德克尔（Budker）核物

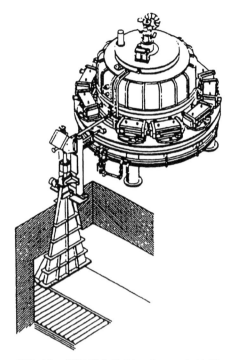

图3.11　带扫描盒的Rhodotron加速器系统示例（图片由IBA Industrial提供）

理研究所（BINP）开发和生产的。它们本质上是脉冲线性高频机，广泛用于包括绝缘电线电缆、收缩管、管道交联、医疗用品和食品的灭菌以及半导体制造等工业领域[38]。目前商用的有三种型号，即ILU-6、ILU-8和ILU-10，据报道ILU-14正在开发中[39]（撰写本文时，早于2013年）。紧凑型ILU-8具有局部屏蔽性能，高能型ILU-10可与X射线转换器一起使用，X射线转换器由钽靶和水冷铝收集器组成[40]。表3.1给出了当前ILU加速器的特性。

表3.1　ILU加速器特性

| 特性 | 加速器 | | | |
|---|---|---|---|---|
| | ILU-6 | ILU-8① | ILU-10 | ILU-14② |
| 电子能量/MeV | 1.2~2.5 | 0.6~1 | 2.5~5 | 7.5~10 |
| 最大束流功率/kW | 20 | 25 | 50 | 100 |
| 最大束流电流/mA | 20 | 30 | 15 | — |
| 功耗/kW | 100 | 80 | 150 | — |
| 加速器质量/t | 2.2 | 0.6 | 2.9 | — |

① 有局部屏蔽（壁厚330mm，顶部240mm）。
② 开发中（撰写本文时，早于2013年）。

### 3.2.1.1.3　低能电子加速器

2.1节和2.2节中讨论的电子加速器可产生高能电子（10 MeV或更高），主要用于加工较厚的聚合物产品，通常厚度可达到20mm，并用于医疗器械和食品加工的灭菌。然而，目前绝大多数工业辐照工作，如聚合物薄膜和片材的交联、聚合以及涂层交联，都是通过低能到中能（电子能量小于1.0MeV）加速器完成的。低能加速器通常作为可靠的计算机控制子系统用于涂层生产线、印刷机、层压机等。其操作参数，如电子能量、电子束功率、辐照宽度和传输剂量率，可与给定工业过程的要求相匹配。这种装置通常被称为电子处理器。工业低能电子加速器的三种最常见的设计如图3.12所示。

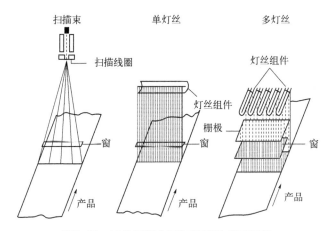

**图3.12　工业低能电子加速器的常见设计**

选择的电子处理器类型是由工艺参数决定的。扫描型电子加速器使用典型的小直径电子枪，它产生并形成一个笔形束流。通过使用周期性变化的磁场，该束流在窗口区域被偏转。精心调整的偏转可以在束流出口处产生一个非常均匀的束电流（或剂量率）分布，在中高束流下可以达到1.0MeV的能量。由于偏转角度有限，扫描盒的长度必须比出口窗口的长度大一些。

单灯丝设计，包括一个确定束流和束宽度的长线性灯丝，不需要束扫描系统。由于从单位长度单灯丝中提取的电流是有限的，所以经常使用多灯丝阴极配置。这也改善了束流分布的均匀性，且束流分布均匀性通常不如扫描盒形处理器[41]。因为灯丝跨越出口窗口的整个宽度最大约为2m（80in），所以束宽度受到限制。不过这种设计目前已不再使用。

多灯丝设计，由平行于卷筒旋转方向的短丝排列组成，短丝长约20cm

（8in）。多灯丝设计消除了单灯丝设计的长丝支撑和调整问题。灯丝安装在两根固定灯丝组件长度的刚性杆之间。控制栅极和屏栅极确定每个灯丝进入单间隙加速器的电子光学抽取条件。相邻阴极灯丝发射的重叠束流在加速发生之前形成一团均匀的电子云。这种设计与单灯丝设计相比，能够产生较高的束功率和剂量均匀性更宽的光束[41]。

（1）单级扫描光束加速器（single-stage scanned beam accelerator）

瑞典哈姆斯塔德（Halmstadt）的Electron Crosslinking有限责任公司生产的电子束加速器，其最初由德国图宾根（Tübingen）

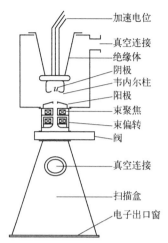

图3.13 单级扫描束流加速器示意图（图片由Elektron Crosslinking 有限责任公司提供）

的Polymer Physik公司开发，采用经典的三极管系统作为电子枪、单电极间距、束流聚焦和偏转系统。加速电压取决于应用，通常范围在150～300 kV之间[42]。

电子枪由一个螺旋形钨阴极和一个维纳尔（Wehnelt）圆柱电极组成。这两个部件不仅构成了加速间距的电极，还是控制EB和给EB塑形的光学组件。电流信号是线性的，重复频率约为800 Hz，它们用于使EB在出口窗平面上水平和垂直偏转。扫描仪可配备两个阴极，以获得最大输出，这样，出口窗口的宽度是单阴极标准装置的两倍以上。包含12～15μm厚钛箔的出口窗口相对较大，可以确保钛箔的有效冷却。图3.13为该加速器示意图。

（2）线性阴极电子加速器（linear cathode electron accelerators）

线性阴极电子加速器采用圆柱形真空室，其中纵向加热的钨丝阴极被升至负加速电压。从阴极发射的电子直接加速到出口窗口，作为真空室一部分的出口窗口接地。加速电子穿过薄钛窗口，进入加工区。使用单灯丝的线性阴极处理器在10kGy下的剂量-速度能力约为450m/min（1500ft/min）。在实际的商业装置中，阴极组件最多包含四根灯丝，能够在10kGy或几百毫安的束流下提供高达1350m/min（4500ft/min）的剂量-速度能力[41]。加速器配备了一个铅板形式的X射线防护屏，X射线屏蔽和产品加工系统的设计旨在满足特定的工艺需求。线性阴极电子加速器示意图如图3.14所示。

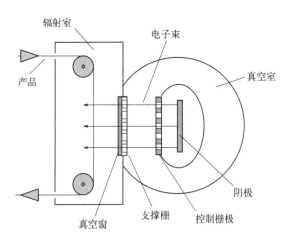

图3.14　线性阴极电子加速器示意图（图片由Elektron Crosslinking有限责任公司提供）

　　自屏蔽线性阴极加速器的过程控制由可编程逻辑控制器（PLC）提供，PLC具有灵活性和可升级性。添加基于个人计算机和通用软件系统的人机界面（MMI），不仅允许系统控制和互锁，还可以对历史操作、通信等数据存档[43]。美国马萨诸塞州威尔明顿的能源科学公司（ESI）在20世纪70年代和80年代以电子帘（Electrocurtains®）为品牌制造了基于这种设计的一系列加速器。目前ESI制造的加速器采用多灯丝发射器设计。自屏蔽加速器示例如图3.15所示。

　　另一种低能加速器是一种在电流饱和模式下工作的真空二极管，即阴极是直接加热的钨丝，没有控制栅极。从阴极发射的电子通过成形电极形成EB束，并加速至出口窗口。这种二极管结构确保几乎所有发射的电子都被加速。阴极加热可以通过连接的高压电缆来完成，这样可以在低加热功率下获得适度的电子电流[44]。这种处理器的一个例子是由德国慕尼黑igm Robotersysteme公司生产的EBOGEN（图3.16）。

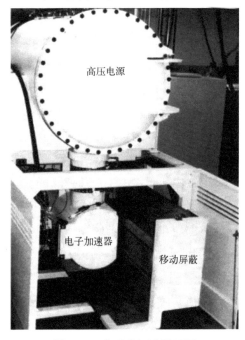

图3.15　自屏蔽加速器示例
（图片由Energy Sciences Inc.提供）

在撰写本书时，据报道该装置已被改造，由德国迈萨克的Steigerwald Strahltechnik公司生产，商品名为EBOCAM®。它主要用于金属焊接和钻孔。

（3）多灯丝线性阴极电子加速器（multifilament linear cathode electron accelerators）

在这种设计中，使用了一个与产品方向平行放置的加热钨丝组装成的多发射器组件，束电流由维持在正常电压的钼栅控制，平面屏栅放置在控制栅的下方。加速之前，在栅极之间的无场区域先形成高度均匀的电子密度。电子的加速发生在平面屏栅和接地窗口之间。该设计的代表是美国加利福尼亚州海沃德市RPC工业公司生产的BROADBEAM™加速器。目前（撰写本书时，早于2013年），这个类型的设备由美国达文波特的PCT工程系统公司生产。EB加速器的多灯丝阵列的细节如图3.17所示。

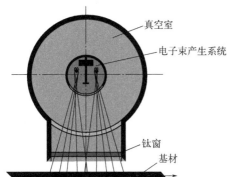

图3.16　EBOGEN加速器示意图
（图片由igm Robotersysteme 公司提供）

图3.17　电子束加速器的多灯丝阵列
（图片由M.R. Cleland公司提供）

表3.2中给出了三种广泛使用的低能EB加速器的运行特性。

一种新的窗口设计（冷却和支撑结构）与多灯丝阴极布置相结合，推动了低能、低成本电子加速器的发展，如美国马萨诸塞州威尔明顿能源科学公司制造的Electrocure™和EZ Cure™。例如，一个150kV的加速器在10kGy下有1200m/min（3950ft/min）的剂量-速度能力。更强大的125kV、200kW加速器能够在1650mm（66in）宽的卷材上固化涂层，10kGy下剂量-速度能力为2250m/min（7400ft/min）[41]，运行在90～110kV加速电压的更小的低压加速器也可达到400m/min（1310ft/min）的速度。

表3.2　部分商用低能工业EB加速器不同设计下的一般操作特性

| 特性 | 加速器 | | |
|---|---|---|---|
| | 单灯丝 | 多灯丝 | 单级扫描束 |
| 加速电压/kV | 150～300 | 150～300 | 150～300 |
| 工作宽度/mm | 150～2000 | 300～2500 | 150～2000 |
| 10kGy下最大速度/（m/min） | 1350 | 1500 | 1350 |
| 工作宽度内典型剂量变化/% | ±10 | ±8 | ±4 |

　　工业上对紧凑型低能电子束加工装置的要求推动了自屏蔽Dynamitron®（地那米）系统的发展（图3.18和图3.19）。纽约州艾奇伍德IBA-RDI公司开发的Easy-e-Beam™系统，安装在一个占地面积小的机箱内，有足够的屏蔽，可以在非控制区安全操作。该装置的加速电压从300～1000kV，EB功率高达50kW[45]。

图3.18　Easy-e-Beam™（自屏蔽地那米整体视图）（图片由IBA Industrial提供）

图3.19　Easy-e-Beam™（自屏蔽地那米，高压发生器和加速管）（图片由IBA Industrial提供）

　　日本NHV公司也提供以电子束处理系统（EPS）命名的各种设计（扫描和线性阴极）和性能水平的加速器。这些加速器的加速电压范围为250～1000kV，束功率水平超过65kW，最大束宽度为1800mm（71in）[46]。图3.20和图3.21为两种NHV加速器示意图。

　　（4）ELV加速器

　　ELV加速器是由布德克尔核物理研究所开发和制造的。它们属于低能设备，电子能量在0.2～2.5MeV之间，束流电流可达400mA，最大功率为400kW。高压源是一个并联感应耦合的级联发生器。整流器安装在一次绕组内。

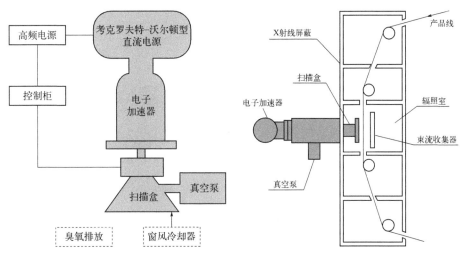

图3.20 带扫描盒的柯克罗夫特-沃尔顿EPS加速器示意图（图片由NHV公司提供）

图3.21 膜处理用自屏蔽EPS加速器示意图（图片由NHV公司提供）

　　该装置用于电线电缆行业的交联聚乙烯绝缘材料、热缩管的生产，人造皮革、凝胶和预浸料和耐热塑料管的制造，以及薄膜、橡胶、涂料和漆器的交联和固化[47]。

### 3.2.2　商业EB加速器的性能和用途

#### 3.2.2.1　瑞典哈姆斯塔德的Elektron Crosslinking有限责任公司

　　（1）EC-Scanner（图3.22）

　　加速电压：75～300kV；

　　电子电流：0～200mA；

　　最大工作宽度：2m；

　　生产量：9000kGy·m/min；

　　工作宽度上的剂量分布：＜±4％。

　　（2）EC-Beam（图3.23）

　　加速电压：75～250kV；

　　电子电流：0～2000mA；

　　工作宽度：0.4～3m；

　　生产量：14000kGy·m/min；

　　剂量在工作宽度上的分布：＜±％。

图3.22 EC-Scanner

图3.23 EC-Beam

（3）EC-Print（图3.24）

加速电压：75 ～ 110kV；

电子电流：0 ～ 200mA；

工作宽度：0.1 ～ 0.6m；

生产量：9000kGy·m/min；

剂量在工作宽度上的分布：＜±7%。

（4）EC-Tube（图3.25）

加速电压：70 ～ 140kV；

电子电流：0 ～ 2mA；

最大工作直径：80mm；

典型瓶尺寸（材料）：3.5L（PET）；

生产量：1瓶/s；

无菌保证等级（SAL）：$10^{-6}$。

### 3.2.2.2 马萨诸塞州威尔明顿的能源科学公司（Energy Sciences Inc.）

（1）EZCure-DF（图3.26）

卷材宽度：20 ～ 54in（0.5 ～ 1.35m）；

剂量-速度能力：1300ft/min（400m/min）；

最大固化厚度：1.8mils（45μm）；

应用范围：胶印线、柔印线、涂料、软包装层压胶黏剂。

（2）EZCure-F-1（图3.27）

卷材宽度：20 ～ 66in（0.5 ～ 1.675m）；

剂量-速度能力：1300ft/min（400m/min）；

图3.24 EC-Print

图3.25 EC-Tube

最大固化厚度：1.8mils（45μm）；

应用：柔版印刷线、涂料、软包装层压胶黏剂、薄膜交联。

图3.26 EZCure-DF　　　　　　图3.27 EZCure-F-1

（3）EZCure-CR（图3.28）

卷材宽度：20～54in（0.5～1.35m）；

剂量-速度能力：1200ft/min（360m/min）；

最大固化厚度：1.6mils（40μm）；

应用范围：胶印线、柔印线、涂料、软包装层压胶黏剂。

（4）EZCure-LS（图3.29）

卷材宽度：20～54in（0.5～1.35m）；

剂量-速度能力：660ft/min（200m/min）；

最大固化厚度：0.8mils（20μm）；

应用范围：柔版印刷线、软包装涂料。

（5）Electrocure Casette（图3.30）

卷材宽度：20～48in（0.5～1.22m）；

剂量-速度能力：1300ft/min（400m/min）；

最大固化厚度：3.0mils（75μm）；

应用范围：胶印印刷、涂料、层压胶黏剂、薄膜交联。

图3.28 EZCure-CR

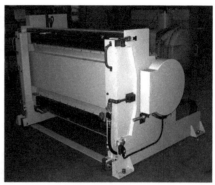

图3.29 EZCure-LS

图3.30 Electrocure Casette

（6）客户定制系统（图3.31）

卷材宽度：20 ～ 120in（0.50 ～ 3.05m）；

剂量-速度能力：最高可达1300ft/min（400m/min）；

最大固化厚度：16mils（40μm）；

专为多种基材、薄膜和片材交联、胶黏剂交联的最大固化深度设计。

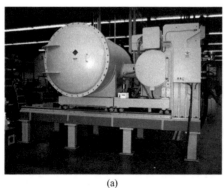

(a)

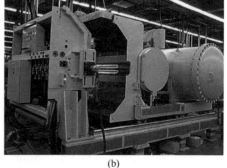

(b)

图3.31 客户定制系统

（7）CHV-紧凑型高压系统（图3.32）

卷材宽度：18～66in（0.45～1.65m）；

剂量-速度能力：1000ft/min（300m/min）；

最大固化厚度：取决于体系、材料和应用；

专为提供100kV、150kV、250kV和300kV的电压设计；

图3.32　CHV-紧凑型高压系统

适用于产品开发、应用程序开发、试点运行和生产运行。

### 3.2.2.3　比利时新鲁汶的IBA工业公司（IBA Industrial）

（1）Dynamitron -5个标准模块（图3.33）

① 额定能量：560keV；

额定束流电流：高达160mA；

最低工作电压：300kV；

控制系统：PLC西门子S7。

② 额定能量：800keV；

额定束流电流：高达160mA；

最低工作电压：400kV；

控制系统：PLC西门子S7。

③ 额定能量：1.5MeV；

额定束流电流：高达65mA；

(a)　　　　　　　　　　　(b)

图3.33　（a）地那米加速器组件，5MeV，300kV，图片由M.R.Cleland提供；
（b）地那米加速器整流器柱，3MeV，150kW，图片由IBA Industrial提供

最低工作电压：500kV；

控制系统：PLC西门子S7。

④ 额定能量：3MeV；

额定束流电流：高达50mA；

最低工作电压：1100kV；

控制系统：PLC西门子S7。

⑤ 额定能量：5MeV；

额定束流电流：高达30mA；

最低工作电压：1700kV；

控制系统：PLC西门子S7；

主要配置：自屏蔽（最高可达800keV）、直角（屏蔽范围有限，容器不需要屏蔽）、在线检查（需要屏蔽容器和照射区域）。

应用范围：聚合物交联（电线电缆、橡胶和轮胎、薄膜和薄板、复合材料、热收缩体系）、聚合、医疗设备灭菌、无菌包装半导体等。

图3.34　Rhodotron TT 100

（2）Rhodotron-4标准模块

① Rhodotron TT 100（图3.34）

能量：2.5～10MeV；

功率范围：高达40kW；

直径：1.6m；

高度：1.7m；

每道：0.833MeV；

通过次数：12。

② Rhodotron TT 200（图3.35）

能量：2～10MeV；

功率范围：40～100kW；

直径：3m；

高度：2.4m；

每道：1MeV；

图3.35　Rhodotron TT200和TT300

通过次数：10。

③ Rhodotron TT300（图3.35）

能量：2～10MeV；

功率范围：40～420kW；

直径：3m；

高度：2.4m；

每道：1MeV；

通过次数：10。

注：该型号EB和X射线两种应用均可。

④ Rhodotron TT1000（图3.36）

能量：5～10MeV；

功率范围：100～560kW；

直径：3m；

高度：3.4m；

每道：1.166MeV；

通过次数：6。

图3.36  Rhodotron TT 1000

注：该型号专为X射线应用设计。

用途：聚合物交联、聚合物基复合材料固化、医疗器械的灭菌处理、食品辐照。

（3）Easy-e-Beam System™（图3.37）

束电压：800kV；

束电流：70～100mA；

扫描宽度：0.91m（36in）；

系统最大处理速度：1000m/min（3200ft/min）；

典型产品范围：薄壁电线24～9G（截面积0.22～6mm²）；

外形尺寸：10.3m×5.3m×5.3m（长L×宽W×高H）（34ft×17ft×17ft）；

质量：50t（110000lb）。

该系统包括EB加速器、电线电缆处理系统、集成安全屏蔽系统、PLC控制系统、真空泵送系统、射频振荡器、绝缘气体子系统、水冷却系统。

用途：线缆制造（参见6.1.1.3）。

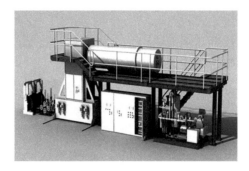

图3.37 Easy-e-Beam System™

### 3.2.2.4 日本京都的NHV公司

高、中能加速器（图3.38和图3.39）的规格和指标见表3.3和表3.4[46]。

表3.3 高能EPS系列的规格和指标

| 项目 | | EPS-1500 | EPS-2000 | EPS-3000 | EPS-5000 |
|---|---|---|---|---|---|
| 加速电压/kV | | 1500 | 2000 | 3000 | 5000 |
| 束电流/mA | | 65 | 50 | 30 | 30 |
| 辐照宽度/mm | | 1200 | 1200 | 1200 | 1200 |
| 不同剂量下质量生产量/（t/h） | 20kGy | 9.4 | 9.5 | 8.8 | 14.6 |
| | 50kGy | 3.7 | 3.8 | 3.5 | 5.8 |
| | 100kGy | 1.9 | 1.9 | 1.8 | 2.9 |
| 尺寸/mm | 宽 | 4000 | 2900 | 3000 | 3800 |
| | 高 | 4350 | 6950 | 8950 | 11200 |

资料来源：EPS技术指南，NHV公司，京都。

表3.4 中能EPS系列的规格和指标

| 项目 | | EPS-500 | | | EPS-800 | | EPS-1000 | |
|---|---|---|---|---|---|---|---|---|
| 加速器电压/kV | | 500 | 500 | 500 | 800 | 800 | 1000 | 1000 |
| 束电流/mA | | 65 | 100 | 150 | 65 | 100 | 65 | 100 |
| 辐照宽度/mm | | 1200 | 1800 | 1800 | 1200 | 1800 | 1200 | 1800 |
| 不同剂量的辐照速度/（m²/min） | 20kGy | 52 | 80 | 120 | 43 | 66 | 36 | 56 |
| | 50kGy | 21 | 32 | 48 | 17 | 26 | 14.5 | 22 |
| | 100kGy | 10 | 16 | 24 | 9 | 13 | 7 | 11 |
| 尺寸 | 宽 | 3800 | 3800 | 3800 | 3800 | 3800 | 4000 | 4000 |
| | 高 | 3050 | 3500 | 3500 | 3350 | 3750 | 3700 | 4100 |

资料来源：EPS技术指南，NHV公司，京都。

图3.38　带扫描的高能
　　　　EPS加速器

图3.39　自屏蔽EPS中能加速器

### 3.2.2.5　艾奥瓦州达文波特的PCT工程系统公司

（1）宽束LE系列（图3.40）

工作电压：70 ～ 150kV；

标准卷材宽度：36in（0.91m）、54in（1.37m）、72in（1.80m）；

表面剂量率：12000kGy·m/min；

剂量均匀性：保证±8%；

集成冷却辊；

束方向：朝下、侧向；

用途：印刷、卷材涂布、特种交联等。

（2）BroadBeam EP系列（图3.41）

工作电压：125 ～ 300kV；

标准卷宽度：高达130in（3.3m）；

生产量：高达15000kGy·m/min；

线速度：最高2000ft/min（600m/min）；

剂量均匀性：保证±8%；

束方向：水平、垂直和有角度；

用途：线圈涂层，薄膜交联，固化硅胶释放涂层，纸、箔和木制品的固化层压胶黏剂。

图3.40 宽束LE系列

图3.41 BroadBeam EP

（3）BroadBeam OSD系列（图3.42）

工作电压：90 ～ 125kV；

标准卷材宽度：52in（1.32m）、36in（0.91m）；

生产量：12000kGy·m/min；

剂量均匀性：保证 ±8%；

集成冷却辊；

束方向：侧面；

用途：主要适用于印刷和涂层固化应用。

### 3.2.3　实验室EB装置

一些公司已经开发了用于实验室工作的设备，主要用于材料和工艺的研发。示例如下。

（1）Comet公司e-beam Test Lab（图3.43）

加速电压：70 ～ 210kV；

最大束功率：2.25kW；

最大束流电流：20mA（电压高达112kV）；

剂量均匀性：±10%；

样品运输速度：3 ～ 30m/min；

样品尺寸（A4格式）：210mm×297mm；

高度：可调至50mm；

氮气惰性。

（2）Elektron Crosslinking有限责任公司EC-LAB 400（图3.44）

加速电压：80 ～ 300kV；

图3.42　BroadBeam OSD

图3.43　Comet公司
e-beam Test Lab

电子电流：0 ~ 30mA；

最大工作宽度：0.4m；

转筒速度：0 ~ 150m/min；

生产量：4500kGy·m/min；

载具速度：5 ~ 30m/min。

（3）能源科学有限公司EZ Lab（图3.45）

加速电压（范围）：80 ~ 100kV；

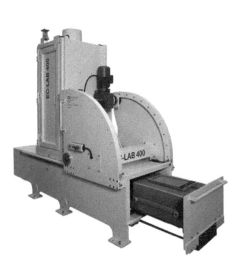

图3.44　EC-LAB 400

图3.45　EZ Lab

束电流：1～5mA；

辐照宽度：150mm（6in）；

试样尺寸：150mm×150mm或连续150mm宽的卷筒；

辐照间隙：10～15mm；

氮气吹扫系统。

（4）美国Ushio U-Electron™（图3.46）

距离窗：1～50mm；

加速电压：10～50keV；

阴极电流：0～200μA；

枪真空度：$1×10^6$Torr；

辐照室气氛：环境或净化；

用途：研发工作。

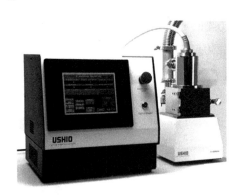

图3.46 U-Electron™

## 3.3 X射线辐照装置

正如1.2.2节中所指出的，产生高能X射线的一种方法是利用轫致辐射，即将高能电子转化为X射线光子。工业应用的高能X射线是通过在EB和要被X射线辐射加工的产品之间插入一个金属靶产生的。为了增强电子向光子的转化，这些X射线转换靶是由高原子序数(Z)的金属钽制成的[48-50]，大面积钽靶首选水冷却。这一过程的转换效率取决于加速器能量和靶的原子序数。当电子能量在5.0～7.5MeV之间时，转换效率在8%～12%之间[51]。X射线辐射为前向峰发射，材料接收X射线光子的速率，即剂量率，可以由靶的距离、束流和束下传输速度的组合来控制。由于转换效率低，X射线辐射只有在高能量和高束流功率的电子加速器，通常5.0MeV、300kW或7.0MeV、700kW时，才具有商业上的可行性。X射线的穿透力比最高能量的工业EB系统大得多，甚至比γ射线的穿透力还要好。X射线剂量率至少比γ射线的剂量率高一个数量级，但明显低于EB的剂量率（见表1.2）。基于高功率EB设备的X射线加工的生产率可以超过工业用高电子能量、中低功率的10MeV直线加速器，如表3.5所示。

尽管EB具有高功率、高剂量率，但与X射线相比，它在穿透厚产品方面存在严重的局限性。然而，如果将EB转换成X射线，就克服了穿透率低的问题。由于EB转化为X射线的过程效率低，因此X射线照射只有随着高能和高束功率电子加速器的发展才具有商业可行性。图3.47（a）是一个X射线靶，图3.47（b）为带有EB和X射线窗口的辐照室。

表3.5　X射线加工生产率

| 射线源 | 单位密度穿透深度[①]/mm | 功率/kW | 潜在生产率/（kg/h） |
| --- | --- | --- | --- |
| 10MeV直线加速器，EB模式 | 38 | 20 | 720 |
| 10MeV Rhodotron™，EB模式 | 38 | 200 | 7200 |
| 10MeV直线加速器，20kW，X射线模式 | 480 | 3.2 | 109 |
| 7 MeV Rhodotron™，700kW，X射线模式 | 450 | 77 | 2772 |
| 5 MeV Dynamitron™，300kW，X射线模式 | 385 | 24 | 864 |

资料来源：A.J.Berejka。

① 等入等出。

注：假设束下工艺效率为25%（典型的小车系统），剂量为25kGy，X射线转换效率在10MeV时为16%，在7MeV时为11%，在5MeV时为8%。

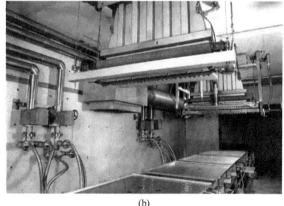

(a)　　　　　　　　　　　　　(b)

图3.47　EB/X射线的转换靶（a）和带有EB和X射线窗口的辐照室（b）

## 3.4 电子束加工装置及技术的发展现状

目前EB固化技术的发展包括：降低设备成本；减少固化设备的尺寸和质量；消除或减少氮惰性气体的使用。

降低加速器电压是有助于满足上述要求的唯一主要因素。较低的加速电压意味着使用更便宜的电源、具有更小的加速器头部尺寸以及产生更少的X射线屏蔽[41]。例如，一种新设计的75kV微束LV（MicroBeam-LV）加速器（能源科学公司）能够固化高达0.001in（25μm）的涂层厚度（密度为1g/cm³）。1～2.5Mrad（10～25kGy）的剂量可以完全固化，这大大低于通常150kV设备所需的3Mrad（30kGy）。与标准加速器相比，总体积要小50%。表3.6[52]给出了处理宽度为48in（约122cm）卷材的标准和低压EB加速器尺寸的比较。PCT工程系统公司提供的BroadBeam LE系列加速电压范围从70～125kV，用于线圈涂层、轮转胶印机、柔压机、层压机和专业交联，生产量通常为12000kGy·m/min（1312ft/min）。

表3.6 用于处理48in卷材的标准和低压EB加速器尺寸比较

| 尺寸 | 标准加速器 | 低压加速器 |
| --- | --- | --- |
| 在线尺寸/ft（mm） | 7（2135） | 4.5（1370） |
| 高/ft（mm） | 10（3050） | 4.5（1370） |
| 深/ft（mm） | 12（3660） | 6（1830） |

电子对进入基材的穿透深度随着能量的降低而降低。此外，每毫安束电流的表面剂量增加，薄涂层和油墨可以以更高的效率和速度固化。较高的表面剂量产生较高浓度的自由基，这反过来又降低了氧阻聚作用[41]。

P-200型由ESI公司开发，是一种低能加速器，设计提供100～200kV的电压，加工速度可达400ft/min（122m/min），单位密度下最大固化厚度为6.0mil（150μm），最大卷材厚度为48in（1.22m）。P-200适合小规模生产和产品/工艺开发，如图3.48所示。

电子发生器也有了一些发展，它们实际上是密封的真空管，用2.5μm厚的石英陶瓷窗或6μm的钛窗作为束流出口。这种EB管或灯泡能够在

图3.48　P-200加速器

$50 \sim 150$kV工作[41,53-57]，并可对接固化宽卷材的模块。可以想象，微型EB管可以提供高效的低成本方法来固化薄涂层、油墨和胶黏剂，从而提供一种替代紫外线灯照射的方法。图3.49（a）显示了目前已不存在的AEB公司开发的专利发射器的示意图。图3.49（b）显示了实际的25in（635mm）发射器。瑞士Comet公司开发了另一种封闭式束发射器。该发射器采用了带有一个负电压栅极的三极管（图3.50），是基于该公司生产的450kV双极X射线管设计而来的[58]。模块化设计如图3.51所示。

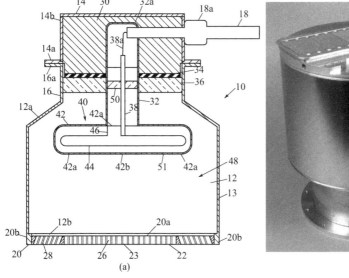

(a)

(b)

图3.49 获专利的AEB发射器（a）和25英寸（635mm）AEB发射器（b）

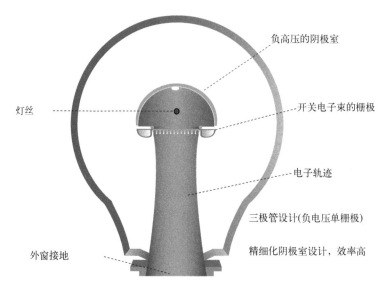

负高压的阴极室

开关电子束的栅极

灯丝

电子轨迹

三极管设计(负电压单栅极)

外窗接地

精细化阴极室设计，效率高

图3.50 Comet电子束发射器EBA-200示意图

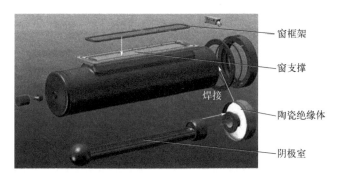

窗框架

窗支撑

焊接

陶瓷绝缘体

阴极室

图3.51 Comet电子束发射器EBA-200的模块化设计

## 参考文献

[1] Gamma Irradiators for Radiation Processing. International Atomic Energy Agency. Vienna, Austria. p. 14.

[2] Dosimetry for Food Irradiation. International Atomic Energy Agency. TRS No. 409. Vienna, Austria; 2002.

[3] Manual on Panoramic Gamma Irradiators, Categories Ⅰ and Ⅲ. International Atomic Energy Agency. IAEA-PRSM-8. Vienna, Austria; 1996.

[4] Beying A. RadTech Europe'97, Lyon, France: Conference Proceedings; June 16-18, 1997. p. 77.

[5] Läuppi UV. RadTech Europe'97, Lyon, France: Conference Proceedings; 1997. p. 96.

[6] Bradley R. Radiation technology handbook. New York, NY: Marcel Dekker; 1984. p. 37 (1983).

[7] Artandi C, Van Winkle Jr W. Nucleonics 1959;17:86.

[8] Charlton EE, Westendorp WF, Dempster LE. J Appl Phys 1939;10:374.

[9] Cleland MR. In: Singh A, Silverman J, editors. Radiation processing of polymers. [chapter 3], Munich: Carl Hanser Verlag; 1992. p. 28.

[10] Sakamoto I, Mizusawa K. Radiat Phys Chem 1981;18:1341.

[11] Scharf W. Particle accelerators and their uses. New York, NY: Harwood Academic Publishers; 1986.

[12] Abramyan EA. Industrial electron accelerators and applications. Washington, DC: Hemisphere Publishing Company; 1988.

[13] Van de Graaff RJ. US patents 3187208 (1965), 3289066 (1966), 3323069 (1967).

[14] Emanuelson R, Fernald R, Schmidt C. Radiat Phys Chem 1979;14:343.

[15] Sakamoto I, et al. Radiat Phys Chem 1985;25:911.

[16] Cleland MR. In: Singh A, Silverman J, editors. Radiation processing of polymers. Chapt 3, Munich: Carl Hanser Verlag; 1992. p. 29.

[17] Cleland MR, Thompson CC, Malone HF. Radiat Phys Chem 1977;9:547.

[18] Thompson CC, Cleland MR. Nucl Instrum Methods Phys Res 1989; B40/41:1137.

[19] Morganstern KH. Proceedings of the conference on sterilization of medical products, vol. 4. Montreal: Johnson & Johnson, Polyscience Publications; 1986.

[20] Odera M, Nagakura K, Tanaka Y. Radiat Phys Chem 1990;35:534.

[21] Cleland MR, Thompson CC, Strelczyk M, Sloan DP. Radiat Phys Chem 1990;35:632.

[22] Cleland MR. In: Singh A, Silverman J, editors. Radiation processing of polymers. [chapter 3], Munich: Carl Hanser Verlag; 1992. p. 30.

[23] Haimson J. Proceedings of the conference on sterilization by ionizing radiation 1. Montreal: Johnson & Johnson, Multiscience Publications Ltd; 1974.

[24] Haimson J. IEEE Trans Nucl Sci 1975;NS-22:1303.

[25] Anonymous. Beta-gamma news brief. Beta-Gamma 1989;3:38.

[26] Auslender VL, et al. US patent 4140942; 1979.

[27] Cleland MR. In: Singh A, Silverman J, editors. Radiation processing of polymers. [chapter 3], Munich: Carl Hanser Verlag; 1992. p. 34.

[28] Barletta WA. Beam research program, energy and technology review. Livermore: Lawrence Livermore National Laboratory; 1984.

[29] Humphries Jr S. Principles of charged particles acceleration. New York, NY: John Wiley & Sons; 1986.

[30] Lapostolle PM, Septier AL. Linear accelerators. Amsterdam: North-Holland Publishers; 1970.

[31] Abs M, Jongen Y, Poncelet E, Bol J-L. Rad Phys Chem 2004;71 (1-2):285.

[32] Lancker MV, Herer A, Cleland. MR, Jongen Y, Abs M. Nucl Instrum Meth B 1999;151:242.

[33] Jongen Y, Abs M, Genin F, Nguyen A, Capdevilla JM, Defrise D. Nucl Instrum Meth B 1993;79:8650.

[34] Korenev S. Rad Phys Chem 2004;71:535.

[35] Korenev S. Rad Phys Chem 2009;71:277.

[36] Meissner J, Abs M, Cleland MR, Herer AS, Jongen Y, Kuntz F, Strasser A. Rad Chem Phys 2000;57:647.

[37] Bassaler JM, Capdevilla JM, Gal D, Lainé F, Nguyen A, Nicolai JP, Uniastowski K. Nucl Instrum Meth B 1992;68(1-4):92.

[38] ILU Accelerators. Brochure from the Budker Institute of Nuclear Physics (BINP). Novosibirsk, Russia

(no date).

[39] Podobaev VS, Bezuglov VV, Briazgin AA, Chernov KN, Cheskidrov VG. Status of ILU-14 electron accelerator. Proceedings of the RuPAC 2010. Protvino, Russia.

[40] Auslender VL. Industrial electron accelerators type ILU. Proceedings of the RuPAC 2006. Novosibirsk, Russia.

[41] Mehnert R, Pincus A, Janorsky I, Stowe R, Berejka A. UV & EB curing technology & equipment. John Wiley & Sons Ltd., Chichester and SITA Technology Ltd.; 1998.

[42] Holl P. Radiat Phys Chem 1985;25:665.

[43] Meskan DA, Klein FA. Proceedings, RadTech Europe'97. Lyon, France; 1997. p. 114.

[44] Schwab U. Proceedings of the RadTech Europe'97. Lyon, France; 1997. p. 114.

[45] Galloway RA, DeNeuter, Lisanti, TF, Cleland MR. Paper CP 680 at the 17th international conference applications of accelerators in research and industry, 12-16 November 2002, Denton, TX: American Institute of Physics; 2003.

[46] Electron Beam Processing System (EPS) Technical Guide, NHV Corporation, Kyoto, Japan.

[47] Kuksanov NK, et al. High power accelerators for industrial application. Proceedings of the RuPAC-2010. Protvino, Russia (THCHZ020); Bulletin accelerators of the ELV type, status, developments, applications from the Budker Institute of Nuclear Physics (BINP). Novosibirsk, Russia (no date).

[48] Farrell JP. Rad Phys Chem 1979;14(3-6):377-87.

[49] Farrell JP, Seltzer SM, Silverman J. Rad Phys Chem 1983;14 (3-5):469-78.

[50] Seltzer SM, Farrell JP, Silverman J. IEEE Trans Nucl Sci 1983;30(2): 1629-33.

[51] Industrial Electron Beam Processing. Vienna, Austria: International Atomic Energy Agency; 2009. p. 10.

[52] Maguire EF. RadTech Rep 1998;12(5):18 1998.

[53] Davis JI, Wakalopulos G. Proc RadTech North Am'96 1996. p. 317.

[54] Wakalopulos G. RadTech Rep 1998;12(4):18 1998.

[55] Brochure Advanced Electron Beams. Wilmington, MA.

[56] Berejka AJ, et al. Proc RadTech North Am 2009 [Indianapolis, IN] 2002; p. 919.

[57] Avnery T. US patents 5962995 (1999), 6545398 (2003) to advanced electron beams.

[58] Haag W. Sealed electron beam emitter for use in narrow web curing, sterilization and laboratory applications. Paper presented at the RadTech UV & EB 2012, April 30-May 2, Chicago, IL: RadTech International North America.

## 推荐阅读材料

Makuuchi K, Cheng S. Radiation processing of polymer materials and its industrial applications. Hoboken, NJ: John Wiley & Sons; 2012.

Industrial Radiation Processing with Electron Beams and X-Rays. International Atomic Energy Agency. Vienna, Austria; 2011.

Gamma Irradiators for Radiation Processing. International Atomic Energy Agency. Vienna, Austria.

Drobny JG. Radiation technology for polymers. 2nd ed. Boca Raton, FL: CRC Press; 2010.

Industrial Electron Beam Processing. International Atomic Energy Agency. Vienna, Austria; 2009.

Koleske JV. Radiation curing of coatings. West Conshohocken: ASTM International; 2002.

Mehnert R, Pincus A, Janorsky I, Stowe R, Berejka A. UV & EB curing technology & equipment. London and Chichester: SITA Technology Ltd./ John Wiley & Sons Ltd.; 1998.

Cleland M. R In: Singh A, Silverman J, editors. Radiation processing of polymers. [chapter 3], Munich: Carl Hanser Verlag; 1992.

Singh A, Silverman J, editors. Radiation processing of polymers. Munich: Carl Hanser Verlag; 1992.

Bradley R. Radiation technology handbook. New York, NY: Marcel Dekker;1983.

Taniguchi N, Ikeda M, Miyamoto I, Miyazaki T. Energy-beam processing of materials. Oxford: Clarendon Press; 1989.

Seidel JR. In: Randell DR, editor. Radiation curing of polymers. London: Royal Society of Chemistry; 1987.

Bakish R, editor. Introduction to electron beam technology. New York, NY: John Wiley & Sons; 1962.

# 4.

## 电子束加工

## 4.1 前言

由于EB辐照是利用电离辐射加工聚合物和聚合物体系中应用最广泛的工业方法，本章以EB加工为重点，并对其进行详细描述。如2.2节中所指出的，能够激发和电离分子的电子，其能量在5～10eV的范围内，它们由快速电子经过能量耗散得到。当它们穿透固体或液体时，会产生离子、自由基和激发分子。电离是由快速电子与介质的非弹性碰撞造成的，在此过程中电子失去了能量。反映电子能量与其穿透深度的一个经验关系是格伦（Grun）公式[1]：

$$R_G = 4.57E_0^{1.75} \tag{4.1}$$

式中，$R_G$ 为格伦射程，μm；$E_0$ 为电子能量，keV。

这个关系式适用于多种材料，包括聚合物（如聚苯乙烯）和金属（如铝）。因此，随着电子能量的增加，它们的穿透深度也会增加，高能电子耗散的能量在很大深度上较小且恒定[2]。材料的阻止本领，即入射电子单位路径的能量损失，取决于介质的密度。如果该材料是一个多组分系统，也取决于单个组分的相对浓度及其分子量。这在有机介质中含有色素的情况下很重要，材料的阻止本领可以减缓入射电子的速度而不产生有用的物质[3]。然而，"减缓速度"的电子更容易与有机物质发生反应[4]。活性物质随机分布在整个材料的厚度上，如图2.3所示。

沉积在辐照材料中的能量会导致温度上升（ΔT），这取决于吸收剂量和比热容：

$$\Delta T = 0.239D/c \tag{4.2}$$

式中，$D$ 为吸收剂量，kGy；$c$ 为辐照材料的比热容，J/（kg·℃）。表4.1给出了一些材料的温升值（ΔT）示例。

表4.1 所选材料的温升值与吸收剂量的关系

| 材料 | ΔT/（℃/kGy） |
| --- | --- |
| 聚乙烯 | 0.43 |
| 聚丙烯 | 0.52 |
| 聚氯乙烯 | 0.75 |
| 铝 | 1.11 |
| 铜 | 2.63 |

采用EB进行单体和聚合物的辐射加工，如单体的聚合和共聚、交联、

接枝和降解等，都是由不同的化学反应物质诱导的[5-7]。

稍微简化后，高能电子与有机物的相互作用可分为三个主要反应[8]：电离、激发和电子捕获（见2.2）。除了这些主要反应外，还有各种离子或激发分子参与的二次反应出现[9]。这三个反应的最终结果是：通过不同初级和二次的碎片化，形成的自由基可以引发自由基反应，导致聚合、交联、主链或侧链断裂、结构重排等。由分子初级激发引发的完整而相当重要的级联反应可能需要几秒钟。在特殊条件下，例如当聚合物处于玻璃态或当反应发生在晶体基质中时，瞬态物质可以存活数小时甚至数天。沉积的能量并不总是在它最初沉积的准确位置上引起变化，可以迁移并显著影响产率[9]。电荷的迁移是聚合物中另一种能量转移形式，性质上它可以是电子的或离子的，可以是负的或正的，取决于温度[10,11]。在辐照的聚乙烯中已观察到自由基的迁移[12]。

虽然在一些电子辐照的单体（例如乙烯基醚或环氧树脂）中产生了自由基阳离子，但未观察到有效的阳离子聚合反应[13]。在某些条件下（添加碘盐、锍或锍盐），可使用电子束辐照诱导阳离子聚合[14]。弹性体辐射交联的若干研究支持离子机制的概念[[15-19][20], p.592]。一些研究还报道了在EB固化配方中使用Irgacure 250（二芳基碘盐）。该系统的主要优点是在辐照期间无需惰性气体[21]。

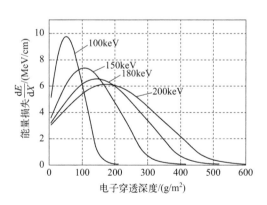

图4.1 电子能量在100～200keV时的深度-剂量分布

在固化应用中，电子必须穿透每单位面积上典型质量为1g/m²至数百g/m²（当被辐射物质密度为1g/cm³时，穿透单位面积质量1g/m²的物质，相当于穿透该物质的深度为1μm）的反应性固体和液体。如图4.1中的深度-剂量分布曲线所示[9]，能够产生任何化学变化的电子的能量必须大于100keV，具有这种能量的电子可以由低能电子加速器产生。电子穿透深度与电子在能量耗散过程中的传播路径长度有关，它可根据深度-剂量分布进行估算。电子穿透深度（g/m²）与电子能量的函数关系如图4.2所示。

自由基形成引发的反应是电子束固化过程中最重要的反应，可以被自由基清除剂（如氧）抑制。氧具有未配对的电子，是一种出色的电子受体，因此是一种自由基抑制剂。它可以通过自由基机制很容易地抑制聚合反应的进行，主要用于丙烯酸酯和其他乙烯基单体的聚合反应。这一过程在EB固化的涂层表面上尤为明显。因此，在实际固化应用中，氮气覆盖用于防止氧气与正在辐射处理的材料表面直接接触[8]。

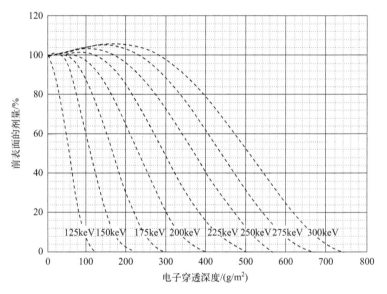

图4.2 电子穿透深度与电子能量的关系

工业加速器的能量范围为75keV～10MeV。能量较低的加速器会在光束窗和空气中失去很大一部分的光束能量；较高的能量水平会有诱发放射性物质的风险。对于中能（500keV～5MeV）和高能（5～10MeV）电子加速器，通常是用单位密度材料中等入等出曝光表示光束穿透深度。图4.3显示了深度-剂量关系，其中$R_{opt}$（最佳深度）为等入等出参数；$R_{50}$为出口剂量为最大剂量50%的深度；$R_{50e}$为出口剂量为入口剂量50%的深度；$R_{p}$为递减曲线拐点处的切线与深度轴相交的深度值[22]。图4.4以一种简化的方式表明，将等入等出准则用于厘米级深度的水或同等密度的材料，中高能量EB穿透深度与电子能量的关系是一个线性函数[23-26]。

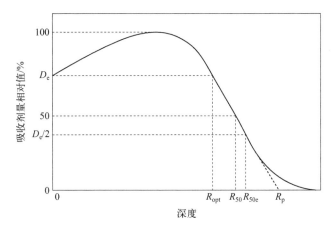

图4.3 深度-剂量关系

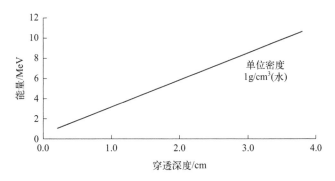

图4.4 电子束在厘米级水中的穿透深度-能量关系

图4.5显示了使用等入等出准则,电子能量与单位密度和以μm为单位的穿透深度为线性函数的简化描述。在低能EB区域,以g/m²为单位的涂层覆盖面积相当于单位密度为1.0g/cm³材料的以μm为单位的厚度。由于颜料负载量等引起的配方密度变化需要按照配方密度比例进行修正,在相同的面积覆盖范围内,高密度配方的厚度将按比例降低。

为了评估特定应用的适当电压,必须对材料密度进行修正。例如,在涂料配方和电线电缆化合物中使用的填料将增加产品密度。涂层配方和线缆复合物双向电子束辐照导致2.4倍于电子束自身的有效穿透深度[27]。因此,如果在加工过程中物品被翻转,则相当大的、低体积密度的包装可以被辐照。图4.6显示了两侧EB辐照的效果。

用EB辐照进行交联的实验表明,在许多情况下,与传统交联方法获得相当的交联密度需要较高的辐射剂量。因此,已经开展了大量的实验工作

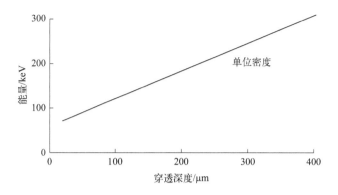

图4.5　低能电子束穿透深度（单位密度）–能量关系

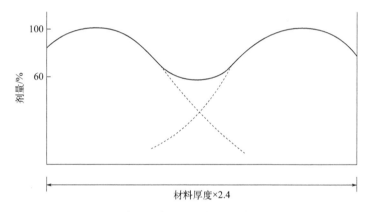

图4.6　两侧电子束辐照示意图

来确定提高电子束辐照过程效率的方法。目前已知的方法包括添加增敏剂、辐照后热处理、受压、高温辐照、添加增塑剂、添加某种多功能团单体或特定的填料（见4.2.2.3）。这些方法增加了非晶区聚合物自由基的数量，也增加了它们的复合概率。对使用可以促进辐照交联的添加剂也已进行了深入的研究[20]，这类化合物被称为辐射交联促进剂（启动子）或促交联剂。

## 4.2　利用促交联剂增强电子束辐射交联的方法

使用促交联剂的聚合物容易更多和更快地生成自由基，从而降低达到所需性能的吸收剂量。辐射交联的促进剂基本上分为两种类型[20]：一类为间接促交联剂，它不直接参与交联反应，而只是促进自由基等活性物质的形成，然后通过二次反应形成交联；另一类为直接促交联剂，它直接参与交联反应，成为实际的大分子连接点。

### 4.2.1　间接促交联剂

#### 4.2.1.1　卤化化合物

这类化合物在弹性体中已经得到了广泛的研究[20,28,35]，总结如下：对于氯化脂肪族化合物，其增敏效果随着分子中碳原子数量的减少而增加。交联促进作用从碘代化合物到溴代化合物到氯代化合物依次增加，并且随着卤化程度的增加而增加。含卤芳香族化合物也是很好的促交联剂[20]。

#### 4.2.1.2　一氧化二氮

已发现在聚乙烯、聚丙烯和聚异丁烯[36]以及乙烯和丙烯共聚物[37]中加入一氧化二氮（笑气）后，辐射交联增强。这一过程的机制已经由一些研究者提出[20,38,39]。

#### 4.2.1.3　一氯化硫

一些研究人员发现，加入一氯化硫后，聚乙烯和聚丙烯的辐射交联有适度[40]到显著增加[41]现象存在。据推测，两项研究结果的差异可能是由于促进剂在测试材料中的分布方式不同[20]。

#### 4.2.1.4　碱

聚丙烯[42]和乙烯-丙烯共聚物[40]的促交联作用已得到证实。然而，其他碱基，如胺，没有发现该作用；在某些情况下，碱实际上是辐射交联的减缓剂[20]。

### 4.2.2　直接促交联剂

#### 4.2.2.1　马来酰亚胺

已知马来酰亚胺和二马来酰亚胺可在高温下通过有机过氧化物加速弹性体的交联[43]，但也发现它们可增敏聚合物的辐射诱导交联[20,44]。涉及纯化天然橡胶和其他弹性体辐射交联的实验表明，几种马来酰亚胺、烷基和芳基二马来酰亚胺可显著提高交联率。其中最有效的是 $N$-苯基马来酰亚胺和 $N,N'$-(1,3-亚苯基)二马来酰亚胺，其含量（质量分数）为5%时，可将纯化天然橡胶的 $G(X)$ 分别增加约23倍和15倍。马来酰亚胺增敏作用的差异至少归因于它们在橡胶中的不同溶解度。对于 $N,N'$-(1,3-亚苯基)二马来酰亚胺，交联速率与其浓度成正比，其含量（质量分数）最高可达

$10\%^{[20]}$。

马来酰亚胺的交联促进机制被认为是基于聚合物通过其与自由基引发的马来酰亚胺分子的不饱和度进行共聚，特别是通过聚合物辐解过程中产生的烯丙基自由基[43]。

在其他聚合物中测试时，马来酰亚胺不影响聚二甲基硅氧烷、聚异丁烯和聚氯乙烯中的交联速率。在聚乙烯中，添加5%（质量分数）的 $N,N'$-(1,3-亚苯基)二马来酰亚胺将 $G(X)$ 从 $1.8(100eV)^{-1}$ 增加到 $7.2(100eV)^{-1}$。在聚醋酸乙烯酯中，这种效果更为明显：凝胶剂量减少为约原来的 $1/50^{[40]}$。与 $N,N'$-(1,3-亚苯基)二马来酰亚胺的交联增强效应相反，在聚醋酸乙烯酯中加入单马来酰亚胺可延缓交联。在分析反应机理时，认为单马来酰亚胺不会影响饱和聚合物中的交联[45]。

#### 4.2.2.2 硫醇（聚硫醇）

相关研究[46-50]表明，多官能团硫醇化合物可用作不饱和弹性体，以及用于平面艺术、电子和涂料行业中聚合物的辐射固化促进剂。添加少量的这种化合物提高了交联率。它们还促进聚异丁烯及其共聚物的交联，这些共聚物通常在辐射下会降解[50]。

弹性体交联的基础是向烯烃双键中添加硫醇，许多研究人员已经对该反应进行了研究[47-51]。结果表明，加成反应是通过自由基机制进行的，相对少量的聚硫醇可强烈提高聚丁二烯的交联速率[52]。例如，当添加1%（质量分数）的二巯基癸烷时，$G(X)$ 值从 $5(100eV)^{-1}$（纯聚丁二烯）增加到 $29(100eV)^{-1}$，并且在进一步添加邻二氯苯时，$G(X)$ 值增加到 $49(100eV)^{-1}$ 以上（表4.2）。

表4.2 聚硫醇对交联的促进作用

| 弹性体 | 单体 | 单体量（质量分数）/% | $G(X)/$ $(100eV)^{-1}$ | 备注 |
|---|---|---|---|---|
| 聚丁二烯 | — | — | 5 | 空气中辐照（2.5 kGy/s） |
| | 十二烷硫醇 | 1.0 | 4.5 | 空气中辐照（2.5 kGy/s） |
| | 二巯基十二烷 | 1.0 | 29 | 空气中辐照（2.5 kGy/s） |
| | 二巯基十二烷+2%（质量分数）的二巯基十二烷 邻二氯苯 | 1.0 | >49 | |
| | 二戊烯二硫醇 | 1.0 | 18 | |

续表

| 弹性体 | 单体 | 单体量（质量分数）/% | $G(X)/(100eV)^{-1}$ | 备注 |
|---|---|---|---|---|
| 聚丁二烯 | $\alpha, \alpha'$-二巯基-$p$-二甲苯 | 1.0 | 39 | |
| | 三羟甲基丙烷三硫醇酸酯 | 1.0 | >35 | 空气中辐照（2.5 kGy/s） |

### 4.2.2.3 丙烯酸和烯丙基化合物

如前所述，多官能团单体（促交联剂）本质上参与了许多自由基反应机制，如自由基加成和接枝。一般来说，它们通过增加交联密度来提高EB照射的有效性。多官能团单体可以根据其对固化动力学和最终物理性质的影响进行分组。I型多官能团单体反应性强，可提高固化率和固化状态。属于这一组的单体包括丙烯酸酯、甲基丙烯酸酯或马来酰亚胺官能团。它们是极性结构，在大多数聚合物中溶解度有限。

多官能团单体，如聚丙烯酸和多烯丙基化合物，已被发现可以增强聚氯乙烯[53]的辐射交联。还发现它们可以加速弹性体的交联，然而，它们的影响相当小[20]。在丙烯酸酯促进剂的存在下，丁二烯-苯乙烯共聚物和天然橡胶与50份（parts per hundred parts of rubber，每百份橡胶用量）炭黑[54]的辐射交联后物理性能显著增强（300%定伸模量和拉伸强度），其中以二丙烯酸四甲酯和二甲基丙烯酸乙二醇酯的效果最好。在聚乙烯、聚丙烯、聚异丁烯和乙烯-丙烯共聚物的辐射交联中，对几种多官能团丙烯酸化合物进行了评价。这些聚合物的凝胶速率显著增加，但许多辐射促进剂在辐射照射下均聚，并且当与弹性体复合时，在更易屈服的弹性体结构内形成刚性网络结构[40,55,56]。

促进聚合物交联的效率取决于促交联剂在聚合物中的溶解度及其与聚合物自由基的反应活性[57]。当促交联剂有足够的溶解性时，其促进交联的效率与其比不饱和度（每100g单体的双键物质的量[58]）成正比。产品的交联密度（$1/M_c$）与吸收剂量（$D$）和初始促交联剂含量（$c_0$）成线性比例：

$$1/M_c = (A + Kc_0) D \tag{4.3}$$

式中，$A$和$K$是常数，常数$K$依赖于比不饱和度。

表4.3列出了在各种聚合物中有效的不同多官能团单体。虽然三聚氰酸三烯丙酯（TAC）和三聚异氰酸三烯丙酯（TAIC）是非常有用和有效的交

联促进剂，但它们不是多用途的。此外，TAC 和 TAIC 的使用受到其毒性的限制（TAIC 被称为诱变剂）[57]。

表4.3 各种聚合物中有效的多功能交联促进剂

| 聚合物 | | 有效多官能团交联促进剂 |
|---|---|---|
| 弹性体 | 丁苯共聚物（SBR） | 四羟甲基甲烷四丙烯酸酯、四甲基二丙烯酸酯、二甲基丙烯酸乙二醇酯 |
| | 氯化异丁烯-异戊二烯橡胶（氯丁基）（CIIR） | 三羟甲基丙烷三甲基丙烯酸酯 |
| | 聚异戊二烯橡胶（IR） | 二乙二醇二甲基丙烯酸酯 |
| | 氯丁橡胶（CR） | 聚乙二醇二甲基丙烯酸酯 |
| | 乙丙橡胶（EPM） | 三乙二醇二甲基丙烯酸酯 |
| | 三元乙丙橡胶（EPDM） | 乙二醇二甲基丙烯酸酯 |
| | 丁二烯-丙烯腈橡胶（NBR） | 二乙二醇二甲基丙烯酸酯、三羟甲基丙烷三甲基丙烯酸酯 |
| | 氟碳弹性体（FKM） | 三羟甲基丙烷三甲基丙烯酸酯、三羟甲基丙烷三丙烯酸酯 |
| | 天然橡胶（NR） | 二乙二醇二甲基丙烯酸酯 |
| 常规的塑料制品 | 聚乙烯（PE） | 三聚氰酸三烯丙酯、三聚异氰酸三烯丙酯 |
| | 聚丙烯（PP） | 三羟甲基丙烷三丙烯酸酯 |
| | 聚氯乙烯（PVC） | 聚乙二醇二甲基丙烯酸酯、三烯丙基氰尿酸酯 |
| | 聚偏二氟乙烯（PVDF） | 三烯丙基偏苯三酸酯、乙烯醋酸乙烯酯 |
| | 共聚物（EVA） | 三羟甲基丙烷三丙烯酸酯、三烯丙基异氰脲酸酯 |
| 工程塑料 | 聚酰胺（PA）6, 66, 12 | 三烯丙基异氰尿酸酯 |
| | 聚酰胺（PA）610 | 三烯丙基异氰尿酸酯 |
| | 聚对苯二甲酸丁二醇酯（PBT） | 三烯丙基氰尿酸酯 |
| 可生物降解的塑料 | 聚己内酯（PCL） | 三甲代烯丙基异氰尿酸酯 |
| | 聚丁烯琥珀酸酯（PBS） | 三甲代烯丙基异氰尿酸酯 |

应该指出的是，这些促交联剂的有效性受其他因素的影响，如温度和填料（如炭黑）。在一般情况下，添加填料可提高交联密度。炭黑增强交联

是由于炭黑诱导的物理和化学交联引起的。物理交联是基于聚合物链的缠结和炭黑的表面孔隙率,化学交联是由炭黑和聚合物分子之间的自由基反应形成的。其他增强交联的填料有氧化锌、氧化镁和二氧化硅填料[57]。加入足够多的填料会干扰聚合物的结晶。这是由于辐射交联依赖于非晶态区域的体积分数,少量的填料起成核作用,而大量的填料增强了辐射交联[59]。

其他已知的提高辐射交联效率的方法有[57]辐照后热处理和高温辐照。辐射后热处理(退火)增加了非晶态区聚合物自由基的数量,以促进在晶态区捕获的自由基向非晶态区迁移。聚丙烯、聚偏氟乙烯和聚醋酸乙烯的交联就属于此类情况。

高温辐照增加了聚合物自由基复合的能力。每种聚合物都有一个特定的临界温度,低于该温度自由基的迁移和复合受到抑制,通常它总是高于玻璃化转变温度。使用高温辐照的例子有PVC、PVA和FEP。熔融态辐照有利于聚四氟乙烯交联。聚四氟乙烯的辐射交联发生在略高于其结晶熔化温度的惰性气氛下。

## 4.3 辐射交联延缓剂

辐射交联延缓剂通常被称为耐辐射剂(antirads),最初被发现可以延缓交联,也可以保护聚合物免受辐射损伤[20]。研究发现,一些芳香胺、醌类、芳香羟基硫化合物和芳香氮化合物可以大大减少交联度。这些化合物提供的保护程度随着其浓度的增加而增加,但有极限值[20]。

上述自由基受体不仅是有效的交联延缓剂,而且是辐射防护剂。研究发现,天然橡胶中的苯和硝基苯[35]以及丁苯橡胶中的$N$-苯基-$\beta$-萘胺[60]对各自化合物都有辐射保护作用。

研究发现,许多接受自由基的化合物都能降低断链的产率[61,62]。经测试的耐辐射剂不仅在有空气的情况下有效,而且在没有空气的情况下也有效(表4.4)。第7章将更详细地讨论保护剂的问题。

不同的聚合物材料对电子束照射的响应方式不同,其中大量聚合物会通过形成交联网络或者改变它们的表面性质或结构而改性,有些则会被降解。电离辐射应用于聚合物体系的另一个领域是接枝。电子束照射也可用于聚合和/或交联低聚物和单体,即液体转化为固体。这些内容将在第5章中进行更深入的讨论。

表4.4　抗辐射剂对天然橡胶中交联和断裂产率的影响

| 天然橡胶化合物<br>（50份EPC炭黑）+5份抗辐射剂 | $G(X)/(100eV)^{-1}$ | | $G(S)^{①}/(100eV)^{-1}$ | |
|---|---|---|---|---|
| | 真空 | 空气 | 氮气 | 空气 |
| 对照（1份苯基-2-萘胺）<br>(1 phr phenyl-2-naphthylamine) | 1.9 | 0.29 | 2.7 | 13 |
| N-N'-二环己基对苯二胺<br>(N-N'-dicyclohexyl-p-phenylenediamine) | — | — | 1.5 | 3 |
| N-环己基-N'-苯基-p-苯二胺<br>(N-cyclohexyl-N'-phenyl-p-phenylene diamine) | 1.3 | 0.33 | 1.2 | 1.4 |
| 6-苯基-2,2,4-三甲基-1,2-二氢喹啉<br>(6-phenyl-2,2,4-trimethyl-1,2-dihydroquinoline) | 0.83 | 0.19 | 1.9 | 4.2 |
| N-N'-二辛基对苯二胺<br>(N-N'-dioctyl-p-phenylene diamine) | 0.87 | 0.12 | 1.5 | 5.0 |
| 2-萘胺<br>(2-naphthylamine) | 0.87 | 0.30 | 1.6 | 5.6 |
| 对苯醌<br>(p-quinone) | — | — | 2.8 | 7.8 |
| 苯基对苯二酚<br>(phenylhydroquinone) | 1.1 | 0.46 | 2.2 | 5.4 |
| 1,4-萘醌<br>(1,4-naphthoquinone) | 1.1 | 0.48 | 2.0 | 5.6 |
| 2-萘酚<br>(2-naphthol) | 1.1 | 0.24 | 1.3 | 4.1 |
| N,N'-二苯基对苯二胺（35%）和苯基-1-萘胺（65%）<br>[N,N'-diphenyl-p-phenylenediamine (35%) and phenyl-1-naphthylamine (65%)] | 0.97 | 027 | 1.4 | 3.7 |

　① 断裂产率由试样辐照期间的应力松弛测量确定。与凝胶测量相比，永久性和临时性断链通过该技术进行测量，凝胶测量仅提供永久性断链的数据。

## 参考文献

[1]　Kase KR, Nelson WR. Concepts of radiation chemistry. New York, NY: Pergamon Press; 1978.

[2]　Davidson RS. Exploring the science, technology and applications of U.V. and E.B. curing. London: SITA Technology; 1999. p. 123.

[3]　Lowe C. In: Oldring PKT, editor. Chemistry and technology of U.V. and E.B. formulations for

coatings, inks and paintings, vol. 4, [chapter 1]. London: SITA Press; 1991.

[4] Schafer O, Allan M, Haselbach E, Davidson RS. Photochem Photobiol 1989;50:717.

[5] Clegg DW, Collier AA, editors. Irradiation effects on polymers. London: Elsevier; 1991.

[6] Singh A, Silverman J, editors. Radiation processing of polymers. Munich: Hanser Publishers; 1992.

[7] Mehnert R. Radiation induced polymerization. In Ullmann's encyclopedia of industrial chemistry, vol. A22. Weinheim: VCH; 1993. p. 471.

[8] Garratt P. Strahlenha rtung. Hannover: Curt Vincentz Verlag; 1996 [in German].

[9] Tabata T, Ito R. An algorithm for the energy deposition of fast electrons. Nucl Sci Eng 1976;53:226.

[10] Frankewich EL. Usp Khim 1966;35:1161.

[11] Hirsch J, Martin E. Solid State Commun 1969;7:279-783.

[12] Dole M, Bo hm GGA, Waterman DC. Polym J 1969;vol.1(Suppl. 5):93.

[13] Mehnert R, Pincus A, Janorsky I, Stowe R, Berejka A. UV&EB technology and equipment, vol. 1. London and Chichester: SITA Technology, Ltd./John Wiley & Sons; 1998.

[14] Buijsen P. Electron beam induced cationic polymerization with onium salts。(Thesis, Delft University of Technology). Delft University Press; 1996.

[15] von Raven A, Heusinger H. J Polym Sci 1974;12:2235.

[16] Kaufmann R, Heusinger H. Makromol Chem 1976;177:871.

[17] Katzer H, Heusinger H. Makromol Chem 1973;163:195.

[18] Zott H, Heusinger H. Makromolekules 1975;8:182.

[19] Kuzminskii AS, Bolshakova SI. Symp. Rad. Chem. 3rd. Tihany,Hungary; 1971.

[20] Bo hm GGA, Tveekrem JO. The radiation chemistry of elastomers and its industrial applications (review). Rubber Chem Technol 1982;55 (3):592.

[21] Lapin S. Electron beam-activated cationic curing. Paper presented at RadTech 2012. Chicago, IL; 2012.

[22] ISO/ASTM standard 51649 standard practice for dosimetry in an electron beam facility for radiation processing at energies between 300 keV and 25 MeV. West Conshohocken, PA: ASTM International.

[23] Cleland MR. In: Singh A, Silverman J, editors. Radiation processing of polymers [Chapter 3]. Munich: Carl Hanser Verlag; 1992. p. 23.

[24] Cleland MR. J Ind Irradiation Technol 1983;1(3):191.

[25] Cleland MR. Industrial applications of electron accelerators. Zeegse, The Netherlands: CERN Accelerator School; 2005.

[26] Cleland MR, Galloway RA, Berejka AJ. Energy dependence of electron beam penetration, area throughput rates and electron energy utilization in the low energy region. Nucl Instr Meth B 2007;261:94.

[27] Bly JH. Electron beam processing. Yardley, PA: International Information Associates; 1988. p. 28.

[28] Chapiro AJ. Chim Phys 1950;47:747-64.

[29] Dogadkin BA, Mladenov A, Tutorskii IA. Vysokomol Soedin 1960;2:259.

[30] Jankowski B, Kroh J. J Appl Polym Sci 1969;13:1795.

[31] Jankowski B, Kroh J. J Appl Polym Sci 1965;9:1363.

[32] Kozlov VT, Kaplanov MYA, Tarasova ZN, Dogadkin BA. Vysokomol Soedin 1968;A10(5):987.

[33] Kozlov VT, Klauzen NA, Tarasova ZN. Vysokomol Soedin 1968; A10(7):1949.

[34] Nikolskii VG, Tochin VA, Buben NYa. Elementary processes of high energy. Izd Nauka 1965; [in Russian].

[35] Turner D. J Polym Sci 1958;27:503.

[36] Okada Y. Adv Chem Ser 1967;66:44.

[37] Karpov VI. Vysokomol Soedin 1965;7:1319.

[38] Scholes G, Sinic M. Nature 1964;202:895.

[39] Lyons BJ, Dole M. J Phys Chem 1964;68:526.

[40] Geymer DO, Wagner CD. Polym Prep Am Chem Soc Div Polym Chem 1968;9:235.

[41] Kaurkova GK, Kachan AA, Chervyntsova LL. Vysokomol Soedin 1965;7:183, J Polym Sci Part C 1967;16:3041.

[42] Geymer D. Macrom Chem 1967;100:186.

[43] Miller SM, Roberts R, Vale LR. J Polym Sci 1962;58:737.

[44] Miller SM, Spindler MW, Vale LR. Proc IAEA Conf Appl Large Rad Sources Ind Salzburg 1963;1:329.

[45] Pearson DS, Shurpik A. U.S. patent 3646502 to Firestone Tire and Rubber; 1974.

[46] Zapp RL, Oswald AA. Paper #55. Meeting of the Rubber Division of American Chemical Society. Cleveland.

[47] Griesbaum K. Angew Chem Ind Ed Engl 1970;9(4):273.

[48] Morgan CR, Magnotta F, Kelley AD. Thiol/ene photocurable polymers. J Polym Sci Polym Chem 1977;15:627.

[49] Morgan CR, Kelley AD. J Polym Sci Polym Lett 1978;16:75.

[50] Pierson RM, Gibbs WE, Meyer GE, Naples FJ, Saltman WM, Schrock RW, Tewksbury LB, Trick GS. Rubber Plast Age 1957;38:pp. 592, 708 and 721.

[51] Walling C, Helmreich W. J Am Chem Soc 1978;81:1144.

[52] Bo hm GGA. In: Dole M, editor. The radiation chemistry of macromolecules, vol. II, [chapter 12] . New York, NY: Academic Press; 1972.

[53] Miller AA. Ind Eng Chem 1959;51:1271.

[54] Smith WV, Simpson VG. U.S. patent 3084115 to U.S. Rubber Co; 1963.

[55] Lyons BJ. Nature 1960;185:604.

[56] Odian G, Bernstein BS. Nucleonics 1963;21:80.

[57] Makuuchi K, Cheng S. Radiation processing of polymer materials and its industrial applications. Hoboken, NJ: John Wiley & Sons; 2012. p. 84.

[58] Xu Y, Fu Y, Yoshii F, Makuuchi K. Rad Phys Chem 1998;53:669.

[59] Mateev M, Nikolova M. Polym Degrad Stabil 1990;30:205.

[60] Blanchford J, Robertson PF. J Polym Sci 1965;3:1289, 1303, 1313 and 1325.

[61] Bauman RG, Born JW. J Appl Polym Sci 1959;1:351.

[62] Bauman RG. J Appl Polym Sci 1959;2:328.

## 推荐阅读材料

Makuuchi K, Cheng S. Radiation processing of polymer materials and its industrial applications. Hoboken, NJ: John Wiley & Sons; 2012.

Industrial Radiation Processing with Electron Beams and X-Rays. International Atomic Energy Agency. Vienna, Austria; 2011.

Drobny JG. Radiation technology for polymers. Boca Raton, FL: CRC Press; 2010.

Clough RL, Shalaby SW. Irradiation of polymers: fundamentals and technological applications [ACS Symposium Series 620]. Washington, DC: American Chemical Society; 1996.

Garratt PG. Strahlenha rtung. Hannover: Curt R. Vincentz Verlag; 1996 [in German].

Mehnert R. Radiation chemistry: radiation induced polymerization in Ullmann's encyclopedia of industrial chemistry, vol. A22. Weinheim: VCH; 1993.

Singh A, Silverman J, editors. Radiation processing of polymers. Munich: Carl Hanser, Verlag; 1992.

Clough R. In: Mark HF, Kroschwitz JI, editors. Encyclopedia of polymer science and engineering, vol. 13. New York, NY: John Wiley & Sons; 1988.

Bradley R. Radiation technology handbook. New York, NY: Marcel Dekker; 1984.

Charlesby A. Atomic radiation and polymers. New York, NY: Pergamon Press; 1960

# 5.

## 商业聚合物、单体和低聚物的电子束加工

本章涵盖了用EB（电子束）设备加工塑料、弹性体、油墨、胶黏剂和涂层的内容。塑料是目前为止通过EB辐射处理的量最大的一类聚合物材料。聚烯烃、聚氯乙烯、聚酯、聚氨酯、含氟聚合物和纤维增强复合材料的交联是EB辐射非常普遍的应用。此外，含有单体和低聚物的液体体系也常用EB辐射处理。

# 5.1 热塑性塑料的电子束加工

## 5.1.1 聚烯烃

聚烯烃是辐射加工产品中的一个重要部分。聚烯烃可以以多种形式如颗粒和粉末、薄膜、挤出和模制部件或作为绝缘电线和电缆进行辐照。

颗粒和粉末以及小部件可简单地用传送带传输；小推车或空气输送管道则是连续EB辐照中最常见的输运工具[1]。电线和电缆以及管状产品需要特殊处理。通常，仅从一侧照射是不够的，因为这会导致剂量分布不均匀。因此，产品必须旋转，以使其整个外围都能被照射。也可以通过多次辐照解决这一问题。详细内容在第6章6.1和6.4中给出。厚片和挤压型材必须经常从两侧照射，并在电子束下多次通过。大而厚的部件需要沿着一些预定的轴或角度旋转，以保证剂量分布均匀[1]。

### 5.1.1.1 聚乙烯（PE）

电离辐射对各种形式PE的影响可总结如下[1]：

·氢的溢出；

·碳-碳交联的形成；

·不饱和度增加至平衡水平；

·结晶度降低；

·树脂中颜色体形成；

·在空气中照射期间的表面氧化。

碳-碳交联的形成最重要的反应，也是电线电缆工业和热收缩产品应用的基础。影响辐照下PE变化的因素有分子量分布、支化、不饱和度和形态[2]。

通过高压聚合生产的低密度聚乙烯（LDPE）含有与主链相连的长支链。线型低密度聚乙烯（LLDPE）具有相当规则的短链分支。这两种类型PE不饱和度较低，但高密度聚乙烯（HDPE）每个分子只含有一个末端乙烯基。在低辐射剂量下，该乙烯基与辐射产生的仲烷基自由基形成Y形链接，从而增加HDPE的分子量[3]。

在环境温度下，PE通常是半晶态形态，非晶区的密度为800kg/m³（50lb/ft³），而晶区的密度比非晶区要大25%。商业上可获得的PE密度范围为920～960kg/m³，但这种相对较小的密度差异却对应着相当大的非晶质量分数的差异。在LDPE中的非晶质量分数为40%，而在HDPE中约为20%[3]。交联主要发生在非晶区和非晶区与晶区两界面处。晶核部分保持着辐射诱导生成的、与其质量分数成正比的反式亚乙烯基结构，它们几乎不形成凝胶[3]。文献[4-8]报道了晶区内的辐射交联效应和交联程度。各种聚乙烯的交联产率，即 $G(X)$，见表5.1。

表5.1 聚乙烯系列的交联产率

| 聚乙烯树脂 | 密度 | $G(X)/(100eV)^{-1}$ |
| --- | --- | --- |
| LDPE | 0.920 | 1.09 |
| LDPE | 0.935 | 0.8 |
| HDPE | 0.962 | 1.0 |
| HDPE | 0.950 | 0.70 |
| HDPE | 0.945 | 0.50 |
| LLDPE | 0.937 | 1.0 |
| LLDPE | 0.924 | 0.96 |
| LLDPE | 0.919 | 0.99 |

聚乙烯的辐射交联通常在低于70℃（158 ℉）的温度下发生，该温度在其α转变温度以下，并且远低于结晶熔点。熔融热的测量表明，辐射对非晶和结晶部分的尺寸没有任何显著影响。然而，当交联聚合物被加热到结晶熔点以上时，结晶度会显著降低，因为在熔融体冷却过程中，交联干扰了超分子链的重排。随后再进行熔融和冷却循环不会使结晶度有额外的变化[3,8,9]。

辐照聚乙烯结晶区的核心含有残留的自由基。这些物质缓慢扩散到与非晶区的界面，那里有通过扩散维持一定平衡浓度的溶解氧，于是引发了自动氧化链降解过程[10]。辐照后在惰性气氛中，以高于α转变温度（85℃或185 ℉）的某个温度进行退火，可以使自由基快速相互反应，从而消除这个问题[3]。

辐射交联聚乙烯即使在经历一个熔融-冷却循环后，其较高的结晶度对于热缩包装和电气连接器产品仍具有巨大的技术优势[3]。

与聚乙烯的化学交联相比，辐射交联在许多方面产生了不同的产物。化学交联是在接近125℃（257 ℉）下进行的，此时聚合物处于熔融状态。因此，化学交联聚乙烯的交联密度几乎是均匀分布，而辐射交联聚乙烯结晶部分中的交联相对较少。辐射加工聚乙烯的结晶度大于化学交联聚乙烯的结晶度[3]。

聚乙烯辐射交联所需的能量较少，所需空间也很小，而且速度更快，效率更高，环境上也更容易接受[11]。化学交联的聚乙烯含有交联体系的副产品，这些副产品通常对介电性能产生不利的影响，在某些情况下影响还比较大[12]。

聚乙烯的交联降低了塑性流动性，增强了耐磨损性。真空辐照可增强高密度聚乙烯的耐磨性，但在空气中辐照则使高密度聚乙烯耐磨性降低[13]。这一发现被用来提高骨科植入物的超高分子量聚乙烯（UHMWPE）的耐磨性[14]。一般来说，聚乙烯的耐磨性随着辐射剂量和交联的增加而增加，这对聚乙烯基绝缘线缆是有利的[15]。

在聚合物中引入交联的另一个好处是改善其耐化学性。聚合物的溶解度和溶胀度随凝胶含量的增加而降低，耐环境应力开裂性能也随凝胶含量的增加而降低[16]。耐环境应力开裂性能的提高对恒压工作管道尤其有利。

LDPE的介电常数基本上与交联度无关，然而，损耗因子会增加，这很可能是由于在空气中辐照时形成了一些极性基团[17]。

凝胶含量在10%以下时，熔体流动起始温度（聚合物开始熔化和流动的温度）随着凝胶含量增加而升高，超过10%后基本不变。交联聚乙烯的高热熔起始温度意味着它在高温下也具有非常好的性能。交联度高，聚乙烯在高温下的蠕变也大大降低[18]。

EB交联的缺点是剂量分布不均匀，由于电子束固有的剂量-深度分布关系特点，特别是在较厚的物体中会出现这种情况。另一个缺点是圆柱形物体穿过扫描的电子束时旋转不均匀。不过力学性能通常取决于平均交联密度[19]。

### 5.1.1.2 聚丙烯

聚丙烯（PP）是一种利用有机金属催化剂体系聚合制备的有规立构聚合物。商品PP中等规立构组分的含量高达95%，这意味着分子链中的甲基几乎都在高分子链的同一侧。等规立构聚丙烯是一种半结晶聚合物，无规立构的聚丙烯则是纯非晶态的。

当PP暴露于电离辐射时，会形成自由基，从而引起化学变化。由于商品PP高度结晶，这些自由基相对不活动，因此在很长一段时间内不能进行反应[1]。

与其他聚烯烃一样，辐照时伴随着自由基的形成会有氢气生成。如果自由基在侧甲基上形成，则发生交联反应。但是，如果自由基在主链上形成，则链端可能与氢原子反应，从而引起不可逆的断链。虽然断链和交联过程同时发生，但即使净效应是交联，总体效应仍然表现出机械强度的损失[1]。对于剂量超过500kGy的辐照尤其如此（表5.2）。表5.3给出了两种PP交联和断裂的G值。

辐照还对结晶度和熔点有影响。例如，在吸收剂量为6000kGy时，发现结晶度为原始值的73%，熔点从160℃变为105℃[20]。

表5.2　吸收剂量对商品PP力学性能的影响

| 力学性能 | 吸收剂量/kGy | | | | | |
|---|---|---|---|---|---|---|
| | 0 | 100 | 280 | 800 | 1200 | 1600 |
| 拉伸强度/MPa | 37.5 | 35.1 | 30 | 17.1 | 18 | 16.5 |
| 弹性模量/MPa | 1.4 | 1.3 | 1.3 | 1.2 | 1.2 | — |
| 断裂伸长率/% | 900 | 200 | 90 | 50 | 40 | 20 |

表5.3　无规立构和等规立构PP的G值

| 聚合物 | $G(X)/(100eV)^{-1}$ | $G(S)/(100eV)^{-1}$ | $G(S)/G(X)$ |
|---|---|---|---|
| 无规立构聚丙烯（atactic PP） | 0.27 | 0.22 | 0.8 |
| 等规立构聚丙烯（isotactic PP） | 0.16 | 0.24 | 1.5 |

## 5.1.2　聚苯乙烯

聚苯乙烯是一种透明的非晶态聚合物，硬度高而且具有良好的介电性能。它很容易被电离辐射交联，通常，添加少量二乙烯基苯（DB）可提高交联度[1]。

采用中等剂量［10～200kGy（1.0～20Mrad）］辐照部分或完全成型的聚苯乙烯物件和颗粒，可显著降低残余单体的含量[21]。聚苯乙烯的力学性能仅在高辐射剂量下才有变化，这是低交联产率和非静态物质的特征[22]。吸收剂量达到$10^5$kGy时，其硬度、拉伸强度和剪切强度也均在原始值的75%以内[23]。据报道，在结晶等规立构聚苯乙烯辐照到$4 \times 10^4$kGy后，玻璃化转变温度升高到150℃，结晶熔点升高到150℃[24]，典型交联产率

$G(X)$ 在 $0.019 \sim 0.051(100\text{eV})^{-1}$ 范围内，具体数值由测定方法决定。聚苯乙烯由于其分子中存在芳香基团，因此对电离辐射的影响具有一定的抵抗力。

### 5.1.3 聚氯乙烯和聚偏二氯乙烯

聚氯乙烯（PVC）是一种轻度结晶的聚合物，因为分子链带有侧基。电线电缆行业大量使用PVC作为绝缘材料。PVC的辐射交联需要添加多功能促交联剂。在没有空气的情况下，交联比断链占优势，$G(X)=0.33(100\text{eV})^{-1}$。添加增塑剂或将温度提高到玻璃化转变温度以上，可增加交联产率[25]。辐照PVC材料通常表现出更高的耐溶剂性、耐热性和抗流动性[26]。辐射固化的PVC及其共聚物适合涉及多官能团单体的接枝[27]。

对PVC最有效的促交联剂是丙烯酸酯和烯丙基酯，如TAC、三羟甲基丙烷三甲基丙烯酸酯（TMPTMA）和三羟甲基丙烷三丙烯酸酯（TMPTA）。三丙烯酸酯比三甲基丙烯酸酯反应性更强，但毒性更大，因此很少使用。这些添加剂的用量为配方质量的 $1\% \sim 5\%$[1]。

在γ射线或电子束辐照过程中，PVC发生脱氯化氢反应而发生降解，同时伴随着严重的材料色变至深棕色。颜色变化是由高度共轭双键的形成引起的。在有空气的情况下，降解更加明显，并且持续至辐照停止后[28]。脱氯化氢过程与温度相关，随着温度升高而程度增加，辐照后效应也是如此。

低剂量（100kGy）辐照后，PVC薄膜的力学性能显示伸长率有所增加，但在300kGy下伸长率急剧下降。超过300kGy剂量后，材料脆化[29]。

聚偏二氯乙烯（PVDC）以其良好的气体阻隔性能而闻名。聚偏二氯乙烯辐照后不仅变色，而且会降解直至无法使用。因此，它不能用作辐照包装膜的内层。

### 5.1.4 聚甲基丙烯酸酯和聚丙烯酸酯

聚甲基丙烯酸甲酯（PMMA）在辐照下发生降解，且由于主链断裂而变得更易溶解[30]。通过添加10%的各种添加剂，如苯胺、硫脲或苯醌，可大大降低降解率[31]。PMMA是一种非凝胶聚合物，在辐照下，它不会形成三维网络结构[22]，而聚烷基丙烯酸酯发生辐射交联。表5.4和表5.5分别给出了一系列聚甲基丙烯酸酯和聚烷基丙烯酸酯的 $G$ 值。

表5.4 一系列聚甲基丙烯酸酯的G值

| 聚合物 | $G(X)/(100eV)^{-1}$ | $G(S)/(100eV)^{-1}$ | $G(S)/G(X)$ |
|---|---|---|---|
| 聚甲基丙烯酸甲酯<br>poly(methyl methacrylate) | — | 1.63（真空中） | — |
| 聚甲基丙烯酸甲酯<br>poly(methyl methacrylate) | — | 0.77（空气中） | — |
| 聚甲基丙烯酸苯酯<br>poly(phenyl methacrylate) | — | 0.44 | — |
| 聚甲基丙烯酸苄酯<br>poly(benzyl methacrylate) | — | 0.14 | — |

表5.5 一系列聚烷基丙烯酸酯的G值

| 聚合物 | $G(X)/(100eV)^{-1}$ | $G(S)/(100eV)^{-1}$ | $G(S)/G(X)$ |
|---|---|---|---|
| 聚丙烯酸甲酯<br>poly(methyl acrylate) | 0.5 | — | 0.07 |
| 聚丙烯酸乙酯<br>poly(ethyl acrylate) | 0.07 | 0.07 | 0.23 |
| 聚丙烯酸正丁酯<br>poly(n-butyl acrylate) | 0.21 | — | 0.14 |
| 聚丙烯酸异丁酯<br>poly(isobutyl acrylate) | — | — | 0.07 |

## 5.1.5 氟塑料

电离辐射对氟聚合物的影响与单体单元中氢原子的数量有关系。交联趋势可大致表示如下（缩写注释见本节下文内容）：

$$PVF > PVDF > ETFE > FEP > PFA > PTFE$$

降解趋势则为：

$$PTFE > PFAB \approx FEP > ETFE > PVDF > PVF$$

一般来说，氢含量越高，含氟聚合物的交联倾向越高。氢的存在会导致辐照脱卤化氢（损失氟化氢）。使用促交联剂可以在不损害聚合物热稳定性的情况下实现高水平的交联[32]。

### 5.1.5.1 聚四氟乙烯

正常情况下,辐照会使聚四氟乙烯(PTFE)发生链断裂。然而,有证据表明,在高于熔点温度(如330~340℃)和真空中辐照PTFE,会明显提高200℃(392℉)下的拉伸强度和伸长率以及室温下的拉伸模量[33-35]。这些发现与在较低温度下辐照后性能大大降低形成强烈对比。这表明熔融状态下的交联与PE的辐射效应类似。温度高于350℃(662℉)时,辐照会加速热解聚,在更高的温度下,热解聚比交联更占优势[36]。PTFE在电离辐射下降解致分子量大幅降低的倾向已用于商业开发,方法是将PTFE废料转化为低分子量产品,然后以极细粉末("超细粉")的形式用作油墨和润滑剂的添加剂(见6.5.5)。

当PTFE在真空下被电离辐射降解时,有毒化合物(如HF和CO)的数量会减少。PTFE真空降解吸收剂量的阈值约为50~60kGy[37]。分子量和高温黏度对剂量的依赖性见表5.6[38]。

表5.6 真空辐照PTFE的分子量和高温黏度

| 剂量/kGy | $M_n$/(×10⁶) | 在380℃时的黏度/(Pa·s) |
|---|---|---|
| 0 | >10 | $3.3×10^{10}$ |
| 150 | 2.5 | $2.8×10^8$ |
| 750 | 2.1 | $1.4×10^7$ |
| 750① | 0.9 | $8×10^5$ |

① 空气烧结材料,其他材料是真空烧结。

### 5.1.5.2 FEP和PFA

FEP是四氟乙烯(TFE)和六氟丙烯(HFP)的共聚物,PFA是TFE和全氟丙基乙烯基醚的共聚物,其物理和化学性能与PTFE相似,但与PTFE不同之处在于,它们可以通过标准的熔融加工技术进行加工。

当FEP在环境温度下暴露于电离辐射时,就会像PTFE一样降解,物理性能下降。然而,如果在辐照前将聚合物的温度提高到其玻璃化转变温度以上,交联就会占主导地位,表现为黏度的增加。剂量大于26kGy(2.6Mrad)时,在高温下的断裂伸长率和抗变形能力得到改善,屈服应力也增加。然而,这些改进被韧性的部分损失所抵消[39]。FEP的耐辐射性比PTFE高10倍。

PFA对电离辐射的耐受性比PTFE高得多，但它主要是发生链式断裂，并伴随着力学性能的逐步下降[40]。

### 5.1.5.3 其他氟塑料

聚氯三氟乙烯（PCTFE）：由于来源相同，它与PTFE在环境温度和高温下的降解方式类似。与PTFE不同的是，当辐照超过其结晶熔点时，它仍然表现出链断裂[41]。然而，据报道，PCTFE对电离辐射的抵抗力比其他含氟聚合物要好[41]。

乙烯和四氟乙烯的共聚物（ETFE）：这种交替的共聚物可以通过辐照进行交联[42]。通过使用促交联剂，如用量达10%的TAC或TAIC，可以进一步改进交联效率。研究表明，在室温下进行辐照后，再在162℃的氮气中热处理20min，也对交联有促进作用[42]。表5.7中列出了200℃下辐照ETFE的拉伸性能。辐照的ETFE电线绝缘层表现出更好的耐热性和抗切割性。ETFE绝缘电线被广泛用于军用和商用飞机。

乙烯和三氯氟乙烯的共聚物（ECTFE）：在辐射下的行为与ETFE相似，包括加入促交联剂可提高交联效率。拉伸强度和伸长率均增加到一定程度后开始下降。室温中的性能显示，即使在辐照剂量700kGy的情况下，拉伸强度也能保持，但伴随着伸长率的逐步下降[29]。

表5.7 在200℃下测量的辐照ETFE拉伸性能

| 剂量/kGy | 辐照温度/℃ | 拉伸屈服强度/MPa | 拉伸强度/MPa | 断裂伸长率/% |
|---|---|---|---|---|
| 0 | — | 2.4 | 2.4 | 12 |
| 7 | RT① | 3.7 | 5.8 | 545 |
| 7 | 150～198 | 3.7 | 5.6 | 421 |
| 10 | 220～245 | 3.2 | 4.8 | 340 |

① 照射后在约160℃下处理20min。

聚偏氟乙烯（PVDF）：在辐照下交联，特别当使用促交联剂时，如TAC、TIAC、衣康酸二烯丙基酯和双马来酰亚胺基乙烷等[41]。当用EB照射PVDF时，在相对较低的剂量（小于300kGy）下，室温拉伸性能几乎没有变化。对于更高的剂量，如300kGy以上，杨氏模量增加，拉伸强度和断裂伸长率降低[43]。表5.8给出了辐照后几种PVDF均聚物的交联和断裂产率。PVDF薄膜经过EB辐照，再在环境温度和单轴取向的条件下老化后，结晶度会增加[44]。

高能射线照射压电β晶型PVDF使其压电势下降，但可提高β晶型的热稳定性，减缓压电衰减[45]。

表5.8　PVDF的辐射交联和断裂产率

| $G(X)/(100eV)^{-1}$ | $G(S)/(100eV)^{-1}$ | $G(S)/G(X)$ | 备注 |
|---|---|---|---|
| 1.0 | 0.3 | 0.30 | |
| 0.78 | 0.37 | 0.47 | Solef 1010① |
| 0.78 | 0.8 | 1.03 | KF 1000① |
| 0.75 | 0.77 | 1.03 | KF 1100① |
| 0.90 | 0.85 | 0.95 | Kynar 200① |
| 0.70 | 0.57 | 0.81 | Kynar 450① |

①辐照温度为61℃。

聚氟乙烯（PVF）：在高能辐射下主要发生交联[46]，$G(X)$为3.4～5.7$(100eV)^{-1}$，$G(S)$为0.95～1.6$(100eV)^{-1}$，$G(S)/G(X)$为0.28。在10kGy剂量照射后，PVF的拉伸强度几乎翻倍，表明交联占优势[40]。

聚三氟乙烯（PF₃E）：同时发生交联和链断裂，以前者为主。$G(X)$和$G(S)$值分别为1.1$(100eV)^{-1}$和0.4$(100eV)^{-1}$[47]。

## 5.1.6　工程塑料

工程用热塑性塑料是一类塑料材料，在各种条件下表现出优于常用商品塑料的优异力学性能和热性能。该术语通常指热塑性塑料，而不是热固性塑料。根据性能，可以将其分为两类：通用工程塑料和高性能工程塑料。

### 5.1.6.1　通用工程塑料

聚酰胺：在受到电子束或γ射线照射时会发生交联，交联和断裂同时发生；产率与吸收剂量无关[48]，但与胺残留物中氢原子或亚甲基的数量有关[49]。

一般来说，共聚物比聚酰胺PA 66更容易交联。聚酰胺的力学性能通过辐照而改变，如拉伸强度降低（在空气中辐照时损失50%，在真空下损失16%）[22]。芳香族聚酰胺比脂肪族聚酰胺更能保持强度[50]。聚酰胺交联的主要优点是耐热性得到增强。

脂肪族聚酯：倾向于辐射交联。聚对苯二甲酸乙二醇酯（PET）交联效率低，剂量率为90～130kGy/min时，$G(X)$介于0.035～0.14$(100eV)^{-1}$之间，$G(S)$介于0.07～0.17$(100eV)^{-1}$之间。但是，它可以维持理想的物理特性，直到0.5MGy[22]。超过这个剂量，拉伸强度和伸长率就会下降，超过1MGy，力学性能就会被破坏[22]。聚对苯二甲酸丁二醇酯在辐照下交联良好，尤其是在使用促交联剂（TAIC）情况下。交联材料具有足够的短时耐热性（260℃，持续60s），因此适用于无铅焊接。

聚碳酸酯（不稳定级）：容易变色，但相对耐辐照，在1000kGy辐照后，仍能保持屈服伸长和拉伸模量。其耐辐射性是由于分子中存在芳香环[51]。

### 5.1.6.2 高性能工程塑料

高性能工程塑料适用于通常高于150℃（302 ℉）的使用温度，具有优异的力学性能。这类聚合物包括聚酰亚胺（PI）、聚醚醚酮（PEEK）、聚芳基醚砜（PES）和聚苯硫醚（PPS）。当在真空中辐照时，这些聚合物中的多数是非常稳定的，即使在大剂量辐照后，物理和力学性能也没有变化。例如，芳香族PI已显示出可耐100MGy剂量的γ射线和EB辐射[52]。在氧气存在下，这些芳香族聚合物的物理和力学性能可以发生显著改变。例如，一种芳香族聚砜在真空中用γ射线照射6MGy后，弯曲强度没有变化；然而，当在空气中进行辐照，在0.2 ～ 4MGy之间的相对较低剂量时，弯曲强度下降到其初始值的一半左右[53]。

与相关的脂肪族聚合物相比，PI、PEEK和PES系列的耐辐射性能非常好。气体产生的$G$值低至相应脂肪族聚合物的0.01 ～ 0.0001之间。这些聚合物耐EB辐射的顺序为[54]：

$$PI > PEEK > PES$$

当辐照结晶或非晶态PEEK时，玻璃化转变温度升高，这表明交联过程正在发生[54]。

在氮气中用EB辐射非晶态和半结晶PPS，其力学或热性能至少在$10^4$kGy范围内没有明显变化[55]，而在空气中辐照就显示出力学和热性能的变化。在非常高的剂量下，即$4 \times 10^4$kGy，非晶态PPS损失其原始拉伸强度的62%，而半结晶PPS则损失约57%。结晶熔融温度（$T_m$）也会发生变化，降低约10 ～ 271℃。

## 5.2 弹性体的电子束加工

弹性体是在环境温度下具有类似橡胶行为的聚合物物质，这意味着它们或多或少具有弹性、可扩展性和柔顺性。它们可以在相对较小的力作用下被延伸，并在移除力后恢复到原来的长度（或接近原来的长度）。在塑料中可以观察到类似橡胶的行为，但在不同的条件下，如在高温或溶胀状态下，这些材料就不是真正的弹性体。

弹性体的大分子链非常长且有弹性，随机聚集、缠结在一起。这些缠结的大分子链产生机械结点。作用于分子间的次级力是分子内原子间相连主价键的1/100左右。次级相互作用本质上是物理力，其强度随着分子间距离的增加和温度的升高而迅速下降。弹性分子的排列（链的柔顺性和卷曲、相对较弱的分子间力、链缠结和机械结点）使弹性体发生可逆变形，但仅是在某些条件下——变形不能太大，而且只能在较短时间和很窄的温度区间内。在更高的形变下，特别是高温下，链开始滑移，缠结减少，并发生永久变形。这些变化的时间依赖性表明这种聚合物材料的黏弹性行为。由链缠结形成的机械结点也不是永久性的，弱的分子间力不能保证材料有足够的形状稳定性，因为结点受到物理条件（温度、溶胀）的影响，而且只在低温下发挥作用。这种材料只有有限的技术应用，因为它的力学性能差，对温度变化敏感。它主要是塑性的，可在一些液体中溶解，得到胶体溶液。

只有当相邻分子之间引入化学键时，原始弹性体才会转化为橡胶硫化物，这本质上是一个三维的网络结构（图5.1）。该工艺称为硫化或固化，或者更准确地说是交联。交联弹性体（或硫化橡胶）能够在较宽的温度范围内发生大的可逆变形，不能溶解，只能在溶剂和其他液体中溶胀。

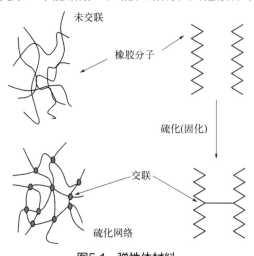

**图5.1 弹性体材料**

（a）未交联；（b）交联

有大量的弹性体材料用于商业应用。它们在单体单元的化学性质、相互排列和键合、分子量、分子量分布、分支、凝胶量等方面都有所不同，所有这些因素决定了它们的化学和物理性质、加工行为和溶解性。实际上，所有商业弹性体的玻璃化转变温度都在0℃（32℉）以下，其分子量在10000～1000000之间[56]。

弹性体的硫化或交联在技术上是传统弹性体改性的最重要的工艺。在这个过程中，分子之间形成牢固的化学键，抑制了它们的流动性。如前所述，该过程形成了一个三维的网络。弹性体分子的交联是一个随机的过程，通常每100～200个单体单元会形成一个交联点。

交联的结果引起以下变化：

- 材料从塑性状态转变为弹性状态；
- 产品对温度变化的敏感性大大降低；
- 材料变得更强，通常也更硬；
- 通过硫化固定的形状（例如，在一个压缩模具中）不能改变，除非遭受到机械作用。

有几种标准商业弹性体的硫化方法，其中经典的方法包括用硫或含硫化合物以及过氧化物，这些通常用于碳氢化合物弹性体，如天然橡胶（NR）、苯乙烯-丁二烯橡胶（SBR）、聚丁二烯橡胶（BR）、乙丙橡胶（EPM）和三元乙丙橡胶（EPDM）。其他弹性体如氯丁橡胶（CR）、其他含氯弹性体、聚氨酯和氟化橡胶，则采用特定的硫化体系。硫化方法、合成和加工的细节在相关专著中都有详细介绍[57-60]。

无论采用何种交联方法，交联弹性体的力学性能都取决于交联密度。模量和硬度单调地随交联密度的增加而增加，同时网络变得更有弹性。断裂性能，即拉伸强度和撕裂强度，随着交联密度的增加达到一个最大值（图5.2）。

交联密度可以通过平衡膨胀法或平衡应力-应变测量法来确定。

正如前所述，交联的弹性体在凝胶点之上将不溶于溶剂，而是会吸收溶剂并溶胀，直到溶胀力与网络的链扩展产生的收缩力平衡。此时，交联密度可以使用弗洛里-雷纳（Flory-Rehner）方程根据溶胀度计算得到：

$$N = \frac{1}{2V_s} \times \frac{\ln(1-\phi) + \phi + \chi\phi^2}{\phi^{1/3} - \phi/2} \tag{5.1}$$

式中，$N$表示每单位体积的交联物质的量（交联密度）；$V_s$表示溶剂的

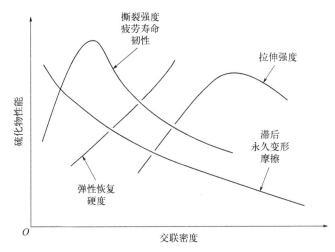

**图5.2 交联密度对弹性材料某些性能的影响**

摩尔体积；$\phi$表示溶胀凝胶中聚合物所占体积分数；$\chi$表示聚合物-溶剂相互作用参数。

如用平衡应力-应变测量法时，交联密度由门尼-里夫林方程（Mooney-Rivlin equation）确定：

$$\sigma/\left[2\left(\lambda-\lambda^{-2}\right)\right]=C_1+C_2/\lambda \qquad (5.2)$$

式中，$\sigma$为工程应力（单位原始截面积的力）；$\lambda$为拉伸比（测量长度与原始长度之比）；$C_1$、$C_2$为常数。

$C_1$的值从$\sigma/\left[2\left(\lambda-\lambda^{-2}\right)\right]$与$1/\lambda$的图中得到，并外推到$1/\lambda=0$。通过与弹性理论的比较，提出了

$$C_1=1/\left(2NRT\right)$$

式中，$N$为交联密度；$R$为气体常数；$T$为热力学温度（测量时）。为了保证接近平衡的响应，应力-应变测量是在低应变率和高温下进行，有时也在溶胀状态下进行[61]。

### 5.2.1 辐射交联弹性体的物理特性

与化学交联（硫化）弹性体相同，辐射固化胶弹性体的模量取决于弹性有效网络链的浓度和温度[62]。

通常，辐射固化弹性体的拉伸强度值低于硫固化橡胶[62]。可以看出，主链断裂，特别是在某些辐照条件下普遍存在，对固化弹性体的强度有明

显的影响。这种效应可以通过分子量的减少和链端贡献的相关增加来解释[63]。如果要在硫化物中达到一定的模量，无论是否发生链断裂，链端（没有承载能力的链）数的增加必须通过增加化学交联的数量来补偿。参考文献中讨论了与此相关的弹性活性链段分子量（$M_C$）的降低以及它对断裂性能（如断裂能）的影响[63]。由于最大可观测到的拉伸率$[(l/l_o)_{max}]$与$M_C$成正比，因此在辐射固化过程中$G(S)/G(X)$比例的增加使得$(l/l_o)_{max}$降低，从而导致断裂性能（如拉伸强度和断裂量）也下降[64,65]。

有些聚合物，如聚异丁烯，由于其微观结构的性质，无论它们如何被辐照，都有很高的辐射诱导断链产率。然而，即使在真空中辐照$G(S)$可以忽略不计的聚合物，当其在高温以及氧气和/或某些添加剂存在下进行辐照，也会发生主链断裂。对于交联产率$G(X)$较低的聚合物，降解也会变得显著，因为在适度的断裂速率下，$G(S)/G(X)$可以达到很高的数量级[62]。弹性体复合物中的组分如抗氧化剂和油等可能会延缓复合物的交联。因此，固化延迟杂质的存在和在含氧气氛中辐照，可能会显著导致辐射固化弹性体的强度降低。另一个因素可能是辐照期间设备中产生的臭氧引起的聚合物降解。

显然，辐射固化弹性体和硫固化弹性体在结构、形态或网络拓扑上有许多细微的差异[62]，但只要采取预防措施，避免发生链断裂，它们的物理性能可能是一样的。表5.9给出了辐射交联和硫化NR（树胶和炭黑补强化合物）的比较[66,67]。

表5.9　硫交联与辐射交联NR的应力-应变性能比较

| | 性能 | 硫交联 | 辐射交联 |
|---|---|---|---|
| 天然橡胶（无填充） | 拉伸强度/MPa（psi） | 27.8（4026） | 18.6（2700） |
| | 断裂伸长率/% | 700 | 760 |
| | 300%定伸应力/MPa（psi） | 2.3（332） | 1.7（250） |
| 50份HAF炭黑补强 | 拉伸强度/MPa（psi） | 27.4（3975） | 22.8（3300） |
| | 断裂伸长率/% | 470 | 350 |
| | 300%定伸应力/MPa（psi） | 14.8（2150） | 17.9（2600） |

注：1psi = 6894.76Pa。

### 5.2.2 各种弹性体的辐射效应

#### 5.2.2.1 NR和合成聚异戊二烯

NR和杜仲胶（guttapercha）主要由聚顺式-1,4-异戊二烯和聚反式-1,4-异戊二烯分别构成。商业生产的合成聚异戊二烯与二者具有或多或少相同的结构，但链规整度较低，有些可能还含有一定比例的1,2-异构和3,4-异构单元。微观结构的差异不仅使聚合物具有不同的物理特性，而且还影响它们对辐射的响应。辐射对微观结构产生的最明显的变化是不饱和度的降低，硫醇和其他化合物的加入会进一步促进这种变化[68]。此外，发现抗氧化剂和硫可以减少不饱和度的衰减速度[69]，在主要由1,2-异构和3,4-异构单元构成的聚异戊二烯中，不饱和度的损失尤为明显[70,71]

辐照过程中发生的一个非常重要的过程是自由基的形成，进而导致其他变化，如交联、聚合、断裂和接枝。

NR和聚异戊二烯辐射分解产生的气体中约98%是氢气，其余的由甲烷和更高分子量的碳氢化合物组成。在高达2000kGy（200Mrad）剂量内，氢气的产量与剂量成正比，而且，与剂量率和辐射类型（γ射线、EB）无关[72]。

一些研究人员使用EB和γ射线研究了NR和合成聚异戊二烯的交联[73-75]。一般性结论为：化学交联的产率$G(X)$随着剂量的增加而恒定，并且与剂量率和所用的辐射类型无关[75]。

文献中报道了温度的影响[62]。在室温照射下测得的交联产率$G(X)$值为$0.9(100eV)^{-1}$，链断裂与交联的比为0.05。将辐照温度降低到77K（−196.15℃或−321℉）对$G(X)$只有很小的影响，但能明显增加裂解的产率比$[G(S)/G(X)]$，达到约0.16。科兹洛夫（Kozlov）等[76]发表了关于温度对NR和一些合成弹性体辐射交联的影响的更详细分析。

NR和高顺式-聚异戊二烯中的交联产率大致相同；然而，具有高1,2-构型和3,4-构型的聚异戊二烯表现出特别高的$G(X)$。1,4-构型单元的存在有助于发生链的断裂[76,77]。已发现氧气会增加裂解的速率，并降低交联的程度[72,78]。另一个有趣的发现是，在应变取向产生的结晶区中，交联的速度得到了提高[78]。马来酰亚胺和一些卤代化合物也增强了NR的交联。

辐射交联的NR和由其制成的复合物最常见的物理性质是由应力-应变曲线测量获得的模量和拉伸强度。图5.3给出了从天然橡胶和由HAF炭黑补强的天然橡胶复合物中获得的一些结果[62]。在图5.4中，对辐射固化胶与用硫黄和过氧化物固化的硫化物的拉伸强度进行了比较。

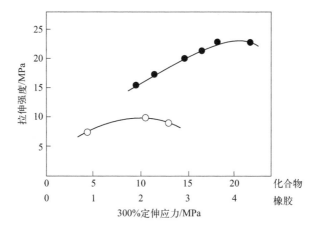

**图5.3  辐照固化纯天然橡胶的拉伸强度**
○天然橡胶；●复合物（50份N330炭黑）[62]

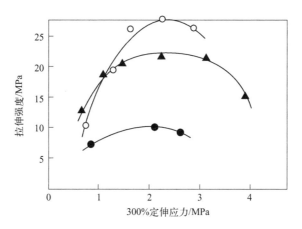

**图5.4  辐射固化纯天然橡胶拉伸强度**
○硫黄；▲过氧化物；●在氮气中以2.5kGy/s的速度进行电子束辐照[62]

显然，辐射固化需要大剂量才能达到完全固化。达到最大拉伸强度的剂量水平在200～500kGy（20～50Mrad）范围内。在暴露于如此高的辐射水平后，异构化反应和链断裂过程使NR的性质出现了相当大的变化[79]。正因为如此，通过电离辐射得到的橡胶最大强度值低于用硫黄和过氧化物固化得到的强度值。当使用促交联剂，如二氯苯、马来酰亚胺或丙烯酸酯时，可减少固化剂用量，并获得更高的拉伸强度值。表5.10列出了EB固化NR的拉伸强度数据。

表5.10  EB固化NR的拉伸强度数据

| 复合物 | 添加剂用量/份 | 剂量/kGy | 报告的拉伸强度/MPa（psi） | 说明 |
|---|---|---|---|---|
| 生胶（SMR-5L）加邻二氯苯 | 3 | 140 | 9.0（1305） | 15kGy/s |
| 生胶（烟熏板） | — | 600 | 4.6（696） | 空气中辐照 |
| 烟胶片和N330炭黑 | 50 | 500 | 19.6（2842） | 空气中辐照 |
|  |  | 140 | 13.3（1982） |  |
| 烟胶片和N330炭黑加丙烯酸辛酯 | 60 | 140 | 18.3（2654） | 空气中辐照 |
|  | 20 |  |  |  |
| 烟胶片和N330炭黑加四亚甲基二丙烯酸酯 | 55 | 140 | 18（2291） | 空气中辐照 |
|  | 10 |  |  |  |
| 烟胶片和N330炭黑加甘油三丙烯酸酯 | 50 | 130 | 16.6（2407） | 空气中辐照 |
|  | 5 |  |  |  |
| 绉胶片和N330炭黑 | 50 | 160 | 15.8（2291） | 空气中辐照 |
| 绉胶片和N330炭黑加丙烯酸辛酯 | 50 | 160 | 16.6（2407） | 空气中辐照 |
|  | 20 |  |  |  |

注：1psi=6894.76Pa。

在空气中辐照时，与γ射线辐射相比，高能电子辐射可以获得更大的拉伸强度和断裂伸长率。然而，当复合物中添加了抗氧化剂时，这种差异消失[79,80]。

在高温下，辐射固化NR的最大拉伸强度的保留率大于化学固化NR[21,80,81]。然而，高温老化后的物理性能并没有得到改善。已有报道称辐射交联NR有较低的弯曲寿命和较高的耐磨性[82]，其他性能，如永久变形、硬度和回弹性几乎相同。

乳胶态NR的预硫化也是研究较多的课题[83]。虽然交联机制还没有完全了解，但水显然在其中起了重要作用。辐射导致橡胶分子的交联和乳胶颗粒的粗化。有一种NR胶乳交联工艺已经发展到可以用于工业规模应用的程度[83]。在水介质中，用EB进行照射，不含促交联剂（"敏化剂"），剂量为200kGy（20Mrad），或在丙烯酸正丁酯存在下，用较低剂量，通常为15kGy，得到的交联膜的物理性能与硫固化（硫化）膜的物理性能相当。作为一种替代方法，多种氯代烷烃的加入可使达到最大拉伸强度所需的吸收剂量小于50kGy（5Mrad）[83]。

### 5.2.2.2 聚丁二烯及其共聚物

聚丁二烯的均聚物包括三种基本的异构体形式（顺式-1,4、反式-1,4 和 1,2-乙烯基），它们可以以不同的序列存在。共聚物中可以含有多种共聚单体，如苯乙烯和丙烯腈。根据它们在链中的分布，可以生产出不同类型和完善度的无规或嵌段共聚物。市面上有许多基于丁二烯的合成弹性体。

1,4-聚丁二烯和聚（丁二烯-苯乙烯）在辐照时相对容易形成自由基，发现其浓度在约 1000kGy（100Mrad）之内随剂量线性增加[62]。

在聚丁二烯和丁二烯-苯乙烯共聚物的辐解过程中，会释放氢气和甲烷[62,68,84-89]。苯乙烯作为共聚单体的加入显著降低了总气体产率。少量的（通常为2份）N-苯基-β-萘胺大大降低了气体产率[84]，同时也大大降低了 $G(X)$ 值。

与 NR 类似，聚丁二烯和其共聚物在辐解过程中也表现出不饱和度的衰减，衰减程度在很大程度上取决于微观结构[62,89]。另一个观察到的效应是顺反异构化[89,90]。

交联的产率取决于聚合物的微观结构和纯度，以及它是在空气中还是在真空中辐照[81]。当聚丁二烯或聚（丁二烯-苯乙烯）在真空中辐照时，降解速率基本上为零，但当在空气中辐照时，降解速率有所增加。

直接或间接交联促进剂的加入可大大增强聚丁二烯及其共聚物的交联性能。聚硫醇与卤代芳烃共用时得到最大 $G(X)$ 值[87,91,92]。研究发现，炭黑和硅填料可以增强交联，并在一定程度上与聚合物链发生化学连接[64,93]。一些研究者认为，炭黑补强橡胶复合物的电子束辐照导致炭黑粒子表面附近的交联密度增加[94]。芳香油增加了断链的发生，降低了交联率[95]。常用的橡胶促进剂，如二硫化四甲基秋兰姆、硫、二苯基胍、巯基苯并噻唑等，均具有抑制辐射交联的作用，其延迟程度与其列出的顺序一致[95]。正如前面所指出的，有几种化学物质被报道可以保护聚丁二烯及其共聚物免受辐射损害。

在聚合物链之间形成交联的反应也可用来将各种化合物附着在聚合物主链上。利用该技术，可以进行苯乙烯[62,96]、硫醇[62]、四氯化碳[62,97]等化合物的接枝。

聚丁二烯橡胶和丁二烯共聚物的辐射交联物理性能资料是通过与 NR 相似的方式获得的，即通过应力-应变曲线测量。从表5.11可以看出，这些弹性体完全固化所需的剂量低于天然橡胶的剂量。添加促交联剂可以进一步减少固化剂量，实际值取决于聚合物的微观结构和宏观结构，也取决于复合物成分的类型和浓度，如油、加工助剂和复合物中的抗氧化剂。例如，溶液聚合的聚丁二烯橡胶通常比乳液聚合的橡胶需要更低的剂量，因为它包含的杂质比后者少。由于断链产率$G(S)$相对较小，特别是除氧后，可获得与标准硫黄固化体系所能达到的拉伸强度相当的强度[98]。据报道，辐射固化的聚丁二烯及其共聚物在高温下具有优异的拉伸强度和断裂伸长率[99]且其耐磨性较高，大多数较好的性能，如硬度、回弹力和永久变形等，与该类化学固化复合物的相当。拉伸强度值接近于化学固化丁腈橡胶的值[64,82]。丁二烯及其共聚物的完全固化需要相对较低的剂量。研究发现，辐射固化的炭黑补强丁腈橡胶比硫黄固化的复合物具有较低的拉伸强度和最大延伸性，但疲劳弯曲寿命相当长，并且裂纹增长较慢[81]。有研究报道了一个相当大的改进SBR交联的方法——在含45份补强炭黑（如HAF）的复合物中加入1～3份的二乙酸酯或三乙酸酯作为促交联剂。该材料的适合剂量为200kGy。与类似的化学交联SBR复合物相比，该产品具有更好的力学性能和热稳定性[18]。

表5.11 EB交联聚丁二烯及其共聚物的拉伸强度数据

| 多聚物 | 单体摩尔分数/% | 添加剂 | 添加剂的量/份 | 剂量/kGy | 报告的拉伸强度/MPa(psi) |
|---|---|---|---|---|---|
| 聚丁二烯 | 0 | N330炭黑和对二氯苯 | 50 | 80 | 15.2（2204） |
| | | | 2 | | |
| 丁二烯-苯乙烯共聚物 | 22.5 | N330炭黑和对二氯苯 | 50 | 100 | 23.45（3400） |
| | | | 2 | | |
| | 23.5 | N330炭黑 | 50 | 280 | 20.4（2958） |
| | 25 | N330炭黑 | 50 | 400 | 19.2（2784） |
| | | N330炭黑加六氯乙烷 | 50 | 150 | 18.1（2624） |
| | | | 3 | | |
| 丁二烯-丙烯腈共聚物 | 32 | 半补强炭黑 | 50 | 100 | 22（3190） |

### 5.2.2.3 聚异丁烯及其共聚物

这一类物质包括聚异丁烯均聚物、异丁烯与异戊二烯共聚物（丁基橡胶）、氯丁橡胶、溴丁橡胶。所有这些都已经商业化生产几十年了。

聚异丁烯及其共聚物辐照后有降解的倾向。有大量的研究探索了这一过程的性质和机制，并确定了它涉及自由基的形成和反应[100]，且自由基浓度在1000kGy（100Mrad）内随剂量呈线性增加[101]。

聚异丁烯辐解过程中，氢气和甲烷约占气体产率的95%，其余部分由异丁烯和其他大部分未经确认的碎片组成[62,102-105]。研究发现，甲烷与氢气的比率在很大剂量范围内保持不变，而异丁烯与氢气或甲烷的比率随着剂量的增加而迅速上升[102,103]。此外，据报道，气体产率在很大程度上与辐照温度无关[106]。

亚乙烯基双键的形成[62,102,103]和甲基抽取是观察和报道的聚异丁烯辐解过程的主要反应。在辐解过程中，主要位于聚合物链末端的不饱和键的浓度随着剂量的增加而增加[106]。此外，在83～363K（−310～194℉）的温度范围内，不饱和键形成和链断裂形成之间存在线性关系。研究发现，双键与断链的比率与温度和剂量无关[102,103,105]。

降解是聚异丁烯辐照时发生的主要过程。一般情况下，链断裂产率随温度的升高而增加，这与不饱和键形成对温度依赖性一致[107]。对于异丁烯-异戊二烯共聚物，降解速率随着共聚物中异戊二烯含量的增加而降低，这与过氧化物研究相一致[108]。这一功能外推到更高的不饱和键浓度时，可预计异戊二烯含量在约5mol%（摩尔分数）以上时将发生净交联。氯化异丁烯-异戊二烯共聚物、异丁烯-异戊二烯-二乙烯基苯三元共聚物[87]和脱氢卤化氯丁基橡胶对辐射的反应显著不同[62]。这些聚合物在低剂量下，已经发生了快速凝胶化，交联使得反应位点逐渐耗尽，然后降解占优势[109]。某些添加剂会影响这些弹性体对辐射的响应。聚硫醇复合物可以延缓聚异丁烯的净降解，并导致异丁烯-异戊二烯共聚物和氯丁基橡胶[87,91,92]快速凝胶化。丙烯酸烯丙基酯可引起聚异丁烯凝胶化[110]。

通过加入某些添加剂可以交联聚异丁烯、异丁烯-异戊二烯共聚物和氯丁基橡胶，然而，无法达到用常规固化方法制备的硫化物的物理性能。最有希望的措施是采用含硫醚聚硫醇的氯丁橡胶复合物作为促交联剂[92]。

### 5.2.2.4 乙丙共聚物和三元共聚物

商用级的乙烯-丙烯共聚物（EPR）含有60%～75%（摩尔分数）的乙

烯单体，以减少结晶。加入第三种单体，如1,4-己二烯、二环戊二烯或5-亚乙基-2-降冰片烯，通常会产生非晶态的快速固化弹性体。市场上有大量这种三元共聚物，即三元乙丙橡胶（EPDM），它们的性质、性能和对辐射的响应因宏观结构和乙烯/丙烯比以及第三种单体的类型、数量和分布而有很大的不同。当EPDM受到辐照时，形成自由基的性质取决于所使用的第三种单体[62,111]，在大多数情况下，自由基浓度随剂量线性增加[112]。

EPR的辐射交联速率与PP相近，EPDM三元共聚物的交联速率增强，且随二烯含量的增加而增加。然而，添加第三单体不仅能提高交联率，而且还能提高断裂产率[113]。

各种添加剂的加入可以促进EPR的交联，特别是那些对PP有效的添加剂。据报道，四乙烯基硅烷、氯苯、一氧化二氮、丙烯酸烯丙酯、氯化新戊烷[114,115]和N-苯基马来酰亚胺[116]可促进该过程。

辐射固化的炭黑填充EPDM复合物的拉伸强度与硫加速体系硫化的类似物相当[62]。从含有高达20份丙烯酸酯类添加剂的化合物，如三羟甲基丙烷三甲基丙烯酸、二甲基丙烯酸乙二醇酯、二烯丙基丙烯酸酯中也得到了类似的结果[62]。然而，应该注意的是，一些由此产生的复合物可能由两个或多或少独立的、至少部分分离的网络组成。辐射固化样品较低的压缩变形量和较低的膨胀率很可能就是由这种不同的形态造成的[117]。在各种等级的EPDM中，含有降冰片乙酯的EPDM表现出最快的辐射交联速率[116-118]。

填充油会大大增加为达到最佳的固化效果所需的辐射剂量。这可以通过辐照聚合物链上形成的瞬态中间体与油的反应和能量转移来解释，当油中含有芳香族基团时，这个过程尤其有效。因此，油类的固化抑制能力顺序为：芳香族 > 脂环族 > 脂肪族[117]。这一点是非常重要的，因为许多炭黑补强的EPDM复合物经常含有100份或更多的油。

### 5.2.2.5 氯丁橡胶

聚氯丁二烯或氯丁橡胶（CR）是2-氯-1,3-丁二烯的聚合物。乳液聚合生产的几乎完全是反式-1,4聚合物，具有高度结晶性。对于这种可结晶CR，已发现结晶区的交联密度是低于非晶区的，因为前者中自由基迁移率较低。结晶度较低的CR是通过在聚合物中引入质量分数小于10%的2,3-二氯-1,3-丁二烯单元以切断结晶链序列来制备的。

在200kGy（20Mrad）剂量下，辐照补强炭黑CR复合物的最大拉伸强度可达20MPa（2900psi），这通常是化学固化复合物的值。在上述复合物中添加20份 N,N'- 六亚甲基双甲基丙烯酰胺作为促交联剂，在70kGy（7Mrad）剂量下可以得到18MPa（2610 psi）的拉伸强度。相同剂量下，进一步添加6份六氯乙烷则会导致拉伸强度下降50%[119]。

当辐照CR和50份炉法炭黑补强聚［丁二烯-丙烯腈（NBR）]（含5～15份四甲基丙烯酸邻苯二甲酸二甘油酯）的1∶1共混物时，在150kGy（15 Mrad）剂量下，共混物拉伸强度为20MPa（2900psi），断裂伸长率在420%～480%范围内，这些值等于或优于化学固化得到的类似复合物的值[120]。

对两种不同结构的CR乳胶进行辐照，一种含硫，支化度较低，另一种通过硫醇改性而高度支化，结果表明支化聚合物交联更快。胶乳分散介质的存在进一步增强了交联过程。辐照后的乳胶中自由基浓度比凝固后再干燥的橡胶膜中自由基浓度高约50%[121]。

聚邻氨基苯酚（质量分数为2%）和聚邻氨基苯酚+苯基-$\beta$-萘胺（各占质量分数为0.7%）能起到耐辐射作用，可防止剂量到240Gy（24krad）时出现任何明显的交联[122,123]。添加二苯胺衍生物可对高达220kGy（22Mrad）的辐射提供合理的保护[123]。

添加多功能单体，如聚乙二醇二甲基丙烯酸酯，可提高材料的交联度。已发现交联度与吸收剂量和多功能单体的初始浓度成正比[124]。

### 5.2.2.6 丁腈橡胶

丁腈橡胶（NBR）有三个等级，分别对应于三种丙烯腈含量，即18%、33%和50%。用二甘醇二甲基丙烯酸酯适当复合的丁腈橡胶可以在20kGy下有效交联，其结果类似于用常规硫化法获得NBR[125]。所有三个等级NBR材料的最大强度是在50kGy剂量下获得的。在较高的吸收剂量时，拉伸强度会下降[126]。

### 5.2.2.7 硅橡胶

基于—Si—O—Si—链的硅橡胶（硅弹性体）有多种多样，因为硅原子上可以连接不同的、影响聚合物性质的基团。从技术上讲，最广泛使用的硅弹性体是所有甲基都连在硅原子上，即聚二甲基硅氧烷（PDMS）或者是低于0.5%（摩尔分数）甲基被乙烯基取代的弹性体[126]。

PDMS辐照会产生氢气、甲烷和乙烷，室温下的气体产率与形成的交联浓度相关[127]。这是可以预料的，因为不能形成双键。

交联是硅氧烷聚合物受辐照发生的主要过程，断链可以忽略[128-130]。

交联密度在高达1600kGy（160Mrad）以内随剂量线性增加[130]。5.0MGy
（500Mrad）时，$G(X)$值为0.5(100eV)$^{-1}$[131]。自由基清除剂，如正丁基、叔
十二硫醇以及二乙基二硫醚是最有效的耐辐射剂[132,133]。当自由基清除剂浓
度为10%时，可阻止三分之二的交联形成，不过断裂产率也增加了。

60kGy（6Mrad）辐照的PDMS的拉伸强度比过氧化物交联的PDMS
低15%，但当0.14mol%的不饱和乙烯基取代甲基时，拉伸强度提高了
30%[132]。含有55份磷酸硅填料的PDMS，在50kGy剂量辐照后，即使经过
523K（482 ℉）的热氧化老化，也表现出比用过氧化物得到的硫化物更强的
耐磨性。用这两种交联方法制备的材料的拉伸性能相似。在40kGy（4Mrad）
条件下，可得到8MPa（1160psi）的最佳拉伸强度[131]。

### 5.2.2.8　氟橡胶

FKM是氟橡胶（氟碳弹性体）中最大的一类。它们的大分子主链由
碳-碳键连接而成，分子中有不同数量的氟原子。它们通常由几种类型的单
体组成：聚偏氟乙烯（PVDF）、全氟丙烯（HFP）、三氟氯乙烯（CTFE）、
四氟乙烯（PTFE）、全氟甲基乙烯基醚（PMVE）、乙烯或丙烯[134]。其他
类型的FKM可能包含其他一些共聚单体，例如，1,2,3,3,3-五氟丙烯代替
HFP[135]。FKM具有良好的化学和热稳定性以及良好的抗氧化性。

由于这里讨论的氟碳弹性体在其分子中含有氢，它们除了发生断裂外，
还有交联的趋势，这在辐照氟聚合物中很常见。虽然交联占优势，但仍存
在显著程度的链断裂[36,62,649]。

使用促交联剂，如马来酸二烯丙基酯、TAC、TAIC、三羟甲基丙烷甲
基丙烯酸酯（TMPTM）和$N,N'$-间亚苯基双马来酰亚胺（MPBM），用量达
10%（质量分数），可减少所需剂量和辐射对弹性体链的损害。结果表明，
每种FKM与特定的促交联剂均可达到最佳的交联产率[36,136-138]。例如，偏氟
乙烯（VDF）和HFP的共聚物（如Viton@ A），与VDF和氯氟乙烯（Kel-F@）
共聚物在没有促交联剂时辐照10～15kGy，可得到高凝胶含量和高达473K
（392 ℉）的热稳定性，但如果加入10份的多功能团丙烯酸酯，就只需要
2kGy的剂量。这样的热稳定性是传统化学固化所无法达到的，且力学性能
（抗撕裂性能、拉伸强度）优于过氧化物交联制备的硫化胶[136]。与VDF和
CTFE的共聚物相比，通过EB进行VDF-HFP共聚物交联的效率更高[22]。

四氟乙烯-丙烯（TFE-P）共聚物可以通过添加烯丙基化合物，如二
烯丙基马来酸酯进行有效交联[138,139]。含有10～60份的TFE-P复合物通

过EB照射交联，剂量为1000kGy[139]，该聚合物的$G(X)$和$G(S)$分别估算为0.86(100eV)$^{-1}$和0.13(100eV)$^{-1[140]}$。与化学固化相比，这种弹性体辐射交联的优点是没有污染物，而这在半导体行业中是极其重要的。

全氟弹性体（ASTM命名为FFKM）是两种全氟单体的共聚物，如TFE和PMVE，加上交联必不可少的交联点单体（CSM）。某些FFKM可以通过电离辐射进行交联[141,142]。辐射交联FFKM的优点是没有任何添加剂，因此产品非常纯。缺点是交联材料的使用温度相对较低，通常为150℃，这限制了材料只能用于特殊的密封应用[141]。

### 5.2.2.9 氟硅弹性体

氟硅弹性体（氟硅橡胶）对电离辐射的反应通常与硅弹性体（PDMS）类似[143]。一个应用是制备氟塑料共混物，如PVDF与氟硅弹性体共混，以获得具有低温韧性和高机械强度独特组合的材料[142]。所选弹性体的辐射引发反应效率见表5.12。另一组弹性体的拉伸强度数据见表5.13。

表5.12 辐射引发的弹性体反应效率

| 聚合物 | $G(X)/(100eV)^{-1}$ | $G(H_2)/(100eV)^{-1①}$ | $G(S)/G(X)^①$ |
|---|---|---|---|
| 聚异戊二烯（NR） | 0.9 | 0.43~0.67②<br>0.25~0.3③ | 0.16 |
| 聚丁二烯 | 3.6 | 0.23④ | 0.1~0.2 |
| 苯乙烯-丁二烯共聚物（苯乙烯摩尔分数60%） | 0.6 | 0.11④ | — |
| 苯乙烯-丁二烯共聚物（苯乙烯摩尔分数23.4%） | 1.8~3.8 | 0.45（87%$H_2$） | 0.2~0.5 |
| 乙丙橡胶 | 0.26~0.5 | 3.3 | 0.36~0.54<br>$G(S)=0.3~0.46/(100eV)^{-1}$ |
| EPDM（含双环戊二烯共聚单体） | 0.91 | — | $G(S)=0.29/(100eV)^{-1}$ |
| 聚异丁烯 | 0.05 | 1.3~1.6 | $G(S)=1.5~5/(100eV)^{-1}$ |
| VDF和HFP的共聚物 | 1.7 | 0.27<br>$G(HF)=1.2(100eV)^{-1}$ | $G(S)=1.36/(100eV)^{-1}$ |
| VDF和三氟氯乙烯的共聚物 | 1.03 | — | $G(S)=1.56/(100eV)^{-1}$ |

① 除非另有说明。
② 剂量高达2MGy（200Mrad）。
③ 具有较多1,2-构型和3,4-构型的聚异戊二烯。
④ 指$H_2$和$CH_4$（甲烷）的混合物。

表5.13 来自选定的EB辐照弹性体的拉伸强度数据

| 聚合物 | 添加剂 | 添加剂用量/份 | 剂量/kGy | 拉伸强度/MPa（psi） |
|---|---|---|---|---|
| 天然橡胶 | 邻二氯苯 | 3 | 140 | 9（1305） |
| | 单功能团和多功能团丙烯酸酯 | 5~20 | 140 | 15~18（2175~2610） |
| | 炭黑 | 50~60 | 1000 | 1.6（232） |
| | 无添加剂 | — | 600 | 4.8（696） |
| 聚丁二烯 | 炭黑和二氯苯 | 50 | 8000 | 15.2（2204） |
| | | 2 | | |
| 丁二烯和苯乙烯的共聚物（苯乙烯摩尔分数23.5%） | 炭黑 | 50 | 28000 | 20.4（2958） |
| NBR（丁二烯和丙烯腈的共聚物）（丙烯腈摩尔分数32%） | 炭黑 | 50 | 10000 | 22（3190） |
| 聚氯丁橡胶 | 炭黑 | — | 20000 | 20（2900） |
| | 炭黑和二丙烯酰胺 | 20 | 700 | 18（2610） |
| | | — | | |
| CR和NBR的共混物 | 炭黑和多功能团丙烯酸酯 | 50 | 15000 | 20（2900） |
| | | 5~15 | | |

## 5.2.2.10 热塑性弹性体

热塑性弹性体（TPE）是嵌段共聚物（SBS、SEBS、SEPS、TPU、COPA、COPE）或是共混物，如TPO（弹性体/硬塑料）和TPV（热塑性硫化橡胶、硫化弹性体和硬塑料的混合物）。这些类型代表了大多数的TPE，其他类型或是特殊材料，或为小体积材料。

通常TPE不是交联的，因为在大多数情况下，热塑性是热塑性弹性体的自身属性。然而，在某些情况下，交联被用来改善力学性能，限制流动以减少在油和溶剂中的溶胀[143]，消除聚合物在油和溶剂中的溶解性，提高耐热性以及影响其他性能。那些必须进行电离辐射交联的特定工艺列举如下：

- 电线和电缆绝缘（以提高抗磨损性和抗刺穿性）；
- 热塑性发泡材料，用EB部分交联增加熔体强度；
- 热缩膜、热缩片和热缩管。

表5.14给出了一个通过电离辐射交联COPA材料以提高其耐热性的例子。

基于聚烯烃的TPE（TPO）是PE或PP与EPDM弹性体的共混物，其中的弹性体通常使用热化学体系进行交联[144]。更适合于医疗产品且没有化学残留的TPO，可以使用EB来交联这种弹性体-塑料共混物中的弹性体部分。热塑性塑料控制着熔融转变，从而控制着热塑性塑料的挤出性能。这些材料的辐射反应也取决于热塑性塑料的选择。例如，EB固化的EPDM和PE共混物被用于流体传输管和电气绝缘[145]。

参阅作者撰写的关于弹性体EB加工的综述文章[146]。

表5.14　剂量对含2%促交联剂共聚酰胺性能特性的影响

| 特性 | 剂量/kGy | | | | |
|---|---|---|---|---|---|
| | 0 | 50 | 100 | 150 | 200 |
| 拉伸强度/MPa | 59.5 | 65.7 | 53.4 | 42.9 | 断裂 |
| 断裂伸长率/% | 400 | 350 | 200 | 125 | 断裂 |
| 热蠕变伸长率（29psi，200℃）/% | 熔化 | 55 | 61 | 58 | 63 |

## 5.3　液体体系的电子束加工

利用能量在120～300keV之间的电子束对涂料、油墨等无溶剂液体体系进行的电子束处理主要涉及聚合和交联，电子主要引发自由基反应，阳离子聚合仅在极少数情况下出现[147-151]。

典型的液体体系需要10～50kGy的剂量。它们由主链上含有丙烯酸酯类（$H_2C=CH—CO—O—$）双键的胶黏剂（预聚体）（聚马来酸盐和聚富马酸盐）和单体组成，通常丙烯酸酯用作反应稀释剂[152]。添加到配方中的其他成分可以是颜料、染料、填料、消光剂和用以改善薄膜和表面性能并达到要求性能标准的添加剂[153]。

用作结合剂的反应性预聚物是通过低聚物的丙烯酰化反应生成的，如环氧树脂、聚氨酯、聚酯、聚硅氧烷、低聚丁二烯、三聚氰胺衍生物、纤维素和淀粉[154-156]。预聚物是涂料配方的主要成分，在很大程度上决定了涂料的基本性能。表5.15给出了工业上重要的丙烯酸酯类预聚物交联的典型剂量范围。

表5.15　丙烯酸酯类弹性体交联的典型剂量范围

| 聚合物 | 剂量/kGy |
|---|---|
| EPM | 50～150 |
| EPDM | 100～150 |
| CSM① | 100～150 |
| VMQ② | 50～125 |

① 氯磺化聚乙烯橡胶。
② 乙烯基甲基硅橡胶。

单体，也称为反应性稀释剂，用于降低预聚体的黏度，也对固化膜的性能有影响。固化后，它们与预聚体形成高分子量网络。为了获得适当程度的交联，主要使用双官能团和多官能团丙烯酸酯。单官能团丙烯酸酯的涂层反应性较差，由于其挥发性、气味和皮肤刺激作用，是不太理想的成分。表5.16为目前工业上使用的双官能团和多官能团丙烯酸酯。

表5.16　工业上使用的双官能团和多官能团丙烯酸酯

| 名称 | 缩写 |
|---|---|
| 三丙二醇二丙烯酸酯 | TPGDA |
| 1,6-己二醇二丙烯酸酯 | HDDA |
| 二（丙二醇）二丙烯酸酯 | DPGDA |
| 三羟甲基丙烷三丙烯酸酯 | TMPTA |
| 三羟甲基丙烷乙氧基三丙烯酸酯 | TMP（EO）TA |
| 三甲基丙烷丙氧基三丙烯酸酯 | TMP（PO）TA |
| 季戊四醇三丙烯酸酯 | PETA |
| 甘油三羟丙基醚三丙烯酸酯 | GPTA |

乙氧基化丙烯酸酯和丙氧基化丙烯酸酯具有高度反应性，且对皮肤的刺激性较小[151]。

涂层的EB固化需要惰性气氛来防止氧阻聚，惰性化通过液氮气蒸发形成氮气氛围完成。使用惰性气体的另一个优点是防止在有空气的情况下形成臭氧。通常部分气体用于加速器束窗的对流冷却。

许多可用EB设备固化的液态体系与用紫外线辐射固化的液态体系非常相似。EB工艺的优点在于，它提供了比紫外线（UV）辐射固化更快固化更厚涂层和色素配方的可能性，也没有必要使用通常价格昂贵且有时会导致产品膜变色的光引发剂体系。由于电子束的穿透性，电子束固化涂层通常具有更好的对基材的附着力。但这些优势被EB装置更高的投资成本所抵消[2]。另一个问题是要有足够的产量来充分利用高生产率的电子束装置。在某些情况下，UV和EB工艺相互结合具有技术和/或经济优势。

## 5.4 接枝和其他聚合物改性

### 5.4.1 接枝

接枝的目的是给聚合物增加新的性能或功能，如改变聚合物的润湿性、附着力、可印刷性、金属化、防雾和抗静电性能以及生物相容性。这种背景下，聚合物被称为主干聚合物。引发接枝聚合的方法有很多，如等离子体处理、紫外线辐射、引发剂分解、氧化聚合物、酶催化接枝和高能（γ射线、EB）辐照等。在这些方法中，EB辐照剂量高、易于在多种聚合物中产生活性位点、有效穿透聚合物、引发反应条件适中（大气压、室温）等优点，可能是方便和最有效的工业应用方法。由于电离辐射很容易产生自由基，因此大多数接枝反应都是通过自由基机制进行的。

辐射接枝对主干聚合物的种类或形式基本上没有限制。辐射诱导接枝最简单的形式涉及多相体系，基材可以是薄膜、纤维，甚至是粉末，要接枝到基材上的单体是纯液体、蒸汽或溶液[18,157-160]。所得到的整个聚合物称为接枝共聚物，写作P-g-M，其中P是主干聚合物，M是用于接枝的单体。用于接枝的单体可以是气体、液体、溶液或乳液的形式。

目前已知有三种主要的辐射接枝技术[157,161,162]：①预辐射法；②过氧化反应法；③共（或直接）辐射法。

在两步预辐射法中，首先照射基材，通常在真空或惰性气体气氛中进行，以产生相对稳定的自由基，接着一般在高温下与单体反应。这种技术主要适用于晶区能够陷落自由基的半结晶聚合物[162]。预辐射法的一个主要优点是最大限度地减少了均聚物的形成[162]。

过氧化反应法是所有辐照技术中最不常使用的，涉及在空气或氧气存在的情况下对基材进行辐照，在基材表面生成稳定的双过氧化物和氢过氧化物。基材可以被储存起来，直到可能与单体结合。然后在空气中或在真空中，升高温度，将使单体（含或不含溶剂）与活化的过氧化主干聚合物反应，形成接枝共聚物。这种方法的优点是：在最后的接枝步骤之前，中间过氧化主干聚合物的保存期相对较长[163]。

在共辐射法（这是最常用的方法）中，基材在与单体直接接触的条件下被辐照。单体可以以蒸气、液态或溶液的形式存在，接枝过程可以通过自由基或离子机制发生[162,164]。在共辐射方法中，均聚物的形成是不可避免的，但有一些体系可以使其最小化。这种方法的优点是单体和底物都暴露在辐射源下，并且都形成了反应位点。其他两种技术是依靠键的断裂来形成反应位点，因此需要更高的辐射剂量。因此，共辐射法更适用于对辐射敏感的基材。除了EB辐射源之外，共辐射法还可以采用紫外线辐射。从逻辑上讲，紫外线辐射需要光引发剂和/或增敏剂以达到可接受的接枝水平。

辐射接枝可以在纯单体或溶解单体中进行。在某些情况下，使用溶剂可以产生具有独特性质的接枝共聚物。溶剂可以润湿和溶胀主干聚合物，通常有助于接枝。某些添加剂，包括矿物酸、无机盐（如高氯酸锂）以及单体（如DVB和TMPTA），可以提高接枝产率[162]。

剂量率对接枝材料的产率和链长都有影响。空气对接枝有不利的影响，因为它抑制了反应，这与其他辐射诱导的自由基反应是一致的。提高接枝体系的温度会增加产率，这很可能是因为提高温度会增加单体向基材的扩散速度[163]。

共辐射法的辐射能量效率比预辐射法高，10kGy或更少的剂量对于共辐射法就足够了，不过，实际剂量取决于主干聚合物和所用单体的结合情况。预辐射法达到足够的接枝程度所需剂量高达100kGy。辐射后加热可以提高接枝产率[164]。

理论上，辐射接枝适用于任何有机主链聚合物，包括PE、PP、含氟聚合物、PVC、纤维素和羊毛。在辐射接枝条件下，PVC的接枝产率是最高的。对大多数主干聚合物来说，都能观察到酸增强效应。溶剂效应也与许多主干聚合物体系有关（表5.17）。在低苯乙烯溶液浓度（如30%）下，可观察到接枝的峰，即特罗姆斯多夫峰（Trommsdorff peak）[165]，这非常重要，因为在该条件下接枝的链长是最大的，接枝产率也达到最大。

单体扩散控制着聚合物内部结构中的链增长和链终止[166]。溶剂的溶解度参数δ应与聚合物的溶解度参数相近，以便产生必要的化学能，破坏聚合物链之间的分子间内聚力，并允许链的移动。PET就是一个例子，它是一种交替共聚物（AB），其中A是半刚性芳香族段，δ值为9.8，B是柔性脂肪族酯，δ值为12.1。溶剂如二甲基亚砜（DMSO）（δ值为12.93）、吡啶（δ值为10.61）和二氯乙烷（DCE）（δ值为9.0）的溶解度参数接近PET，可以促进单体的扩散和结合，随后发生接枝[167]。溶剂对聚合物的润湿是另一个重要标准；表面张力数据提供了溶剂在接枝中的有用信息及在接枝中的关键作用[167]。

表5.17  溶剂对苯乙烯辐射接枝PP的影响①

| 溶剂 \ 接枝率/% \ 苯乙烯质量分数/% | 20 | 30 | 40 | 50 | 60 | 70 | 80 | 100 |
|---|---|---|---|---|---|---|---|---|
| 甲醇 | 29 | 94 | 50 | 37 | 36 | 35 | 29 | 22 |
| 乙醇 | 44 | 89 | 65 | 47 | 36 | 32 | 30 | 22 |
| 正丁醇 | 123 | 74 | 34 | 40 | 33 | 29 | 28 | 22 |
| 正辛醇 | 49 | 107 | 68 | 42 | 32 | 29 | 26 | 22 |
| 二甲基甲酰胺 | 24 | 40 | 43 | 44 | 40 | 39 | 33 | 22 |
| 二甲基亚砜 | 11 | 29 | 66 | 61 | 56 | 42 | 24 | 21 |
| 丙酮 | 13 | 20 | 24 | 25 | 22 | 24 | 25 | 22 |
| 1,4-二噁烷 | 6 | 12 | 15 | 17 | 19 | 21 | 23 | 22 |

资料来源：参考文献[162]。
① 总剂量为3kGy，剂量率为0.4Gy/h。

辐射接枝中取代基的作用与常规聚合反应的相同。在辐射接枝过程中，某些取代基可活化单体，而另一些取代基则使它们失活[168]。这些影响见表5.18。

表5.18　纤维素上不同单体①的辐射接枝率

| 单体 | 接枝率/% |
| --- | --- |
| 苯乙烯② | 40 |
| 邻甲基苯乙烯②（*o*-methylstyrene②） | 110 |
| 对甲基苯乙烯②（*p*-methylstyrene②） | 6 |
| 邻氯苯乙烯②（*o*-chlorostyrene②） | 74 |
| 2-乙烯基吡啶②（2-vinyl pyridine②） | 3 |
| 甲基丙烯酸甲酯③（methyl methacrylate③） | 18 |
| 醋酸乙烯酯④（vinylacetate④） | 11 |

① 在甲醇中的体积分数为40%。
② 总剂量5.4kGy，剂量率0.45kGy/h。
③ 总剂量10kGy，剂量率0.45kGy/h。
④ 总剂量10kGy，剂量率3.9kGy/h。

　　多官能团单体，如丙烯酸酯（TMPTA），被发现具有双重功能，即增强共聚作用，并使接枝的主干聚合物链交联。酸与多功能单体的加入对接枝有协同作用[169]。

　　虽然已经发现了许多辐射接枝材料，但只有有限数量的材料被用于商业应用[162,170]。成功的应用之一是电池隔膜[171]中的接枝膜，其他应用包括离子交换树脂和分离过程的膜[162]，以及在纺织工业中改善阻燃、永久性定型、染色和抗静电性能[161,172]。基于辐射接枝过程的其他应用包括医学（诊断和治疗，生物相容性材料）、工业（发酵、生物分离）、生产催化剂载体[173]和燃料电池质子交换膜[174]。

　　辐射快速固化（RRC）是另一种被报道的辐射接枝的应用[162]。它用于含有低聚物/单体混合物的薄膜，当暴露在低能EB装置的电子束下时，低聚物/单体混合物在瞬间交联[174,175]。在这个工艺中，使用了多功能团丙烯酸酯，它有双重功能：加快聚合速度，同时交联薄膜。该方法适用于包装、涂层和油墨[173]。

## 5.4.2　其他聚合物改性

　　其他聚合物的改性涉及表面或整体的改性，其中大部分用于医疗技术。加工的例子有：

•材料表面改性使其与人类或动物组织有良好接触，以赋予其生物功能特性。这些材料通常用于眼部植入物、手术器械、医疗器械或隐形眼镜[176]。

•增强聚合物的耐磨性［例如，用于体内植入物的超高分子量聚乙烯（UHMWPE），如人工髋关节］[177]。

•基于合成氧化聚乙烯水凝胶的EB交联，以生产用于角膜假体的材料[178]。

•生产孔隙率为20% ~ 80%的PE微孔膜，用于电池隔膜[179]。

•通过EB对材料进行三维加工，对灭菌或批量的物料进行均匀的各向同性辐照[180]。

EB辐射表面改性的一个例子是在水溶液中进行PET表面N-乙烯基吡咯烷酮（NVP）的接枝共聚改性。辐照在NVP溶液表面的PET薄膜，可以得到亲水性发生变化的稳定产物。该工艺在商业适宜剂量50kGy下进行，可产生有效的表面羟基化。EB能量在500 ~ 900keV范围内，提供了加速电子穿透深度，足以直接对与NVP溶液接触的另一侧薄膜进行改性[181]。

Kaetsu[182]发表了一篇关于辐射技术在生物材料配方中应用的全面综述，涵盖了生物相容性聚合物、蛋白质固定化、细胞固定化、药物输送系统和未来的趋势，包括新疗法、诊断方法和免疫预防方法等主题。

## 参考文献

[1] Bradley R. Radiation technology handbook. New York, NY: Marcel Dekker; 1984. p. 100.

[2] Charlesby A. Atomic radiation and polymers. Oxford, UK: Pergamon Press; 1960.

[3] Silverman J. In: Singh A, Silverman J, editors. Radiation processing of polymers. Munich: Hanser Publishers; 1992. p. 16.

[4] Patel GN, Keller A. J Polym Sci Phys Ed 1975;13:305.

[5] Chappas WJ, Silverman J. Radiat Phys Chem 1980;16:437.

[6] Liu Z, Markovic V, Silverman J. Radiat Phys Chem 1985;25:367.

[7] Luo Y, Wang G, Lu Y. Radiat Phys Chem 1985;25:359.

[8] Lyons BJ. Radiat Phys Chem 1986;28:149.

[9] Zoepfl FJ, Markovic V, Silverman J. J Polym Sci Chem Ed 1984; 22:2017.

[10] Kashiwabara H, Seguchi T. In: Singh A, Silverman J, editors. Radiation processing of polymers [chapter 11]. Munich: Hanser Publishers; 1992.

[11] Barlow A, Biggs JW, Meeks LA. Radiat Phys Chem 1981;18:267.

[12] Fisher P. The short-time electric breakdown behavior of polyethylene,[annual report]. Washington, DC: National Academy of Science Publication; 1982.

[13] Awatami J, Tsunekawa Y. J Jpn Soc Mech Eng 1961;27(161):1113 [in Japanese].

[14] Oonish H, Takayama Y, Tsuji E. Radiat Phys Chem 1992;38:495.

[15] Salmon WA, Loan ADJ. Appl Polym Sci 1971;16:671.

[16] Oda E. Radiat Chem Phys 1981;18:241.

[17] Dadbin S, et al. J Appl Polym Sci 2002;86:1959.

[18] Makuuchi K, Cheng S. Radiation processing of polymers and its indusrial applications. Hoboken, NJ: John Wiley & Sons; 2012. p. 122.

[19] Chappas WJ, Mier MA, Silverman J. Radiat Phys Chem 1982;20:323.

[20] Tomlinson JN, Kline DE. J Polym Sci 1967;11:1931.

[21] Arnold PM, Kraus G, Anderson Jr RH. Rubber Chem Technol 1961; 34:263.

[22] McGinniss VD. In: Mark HF, Kroschwitz JI, editors. Encyclopedia of polymer science and engineering, vol. 4. New York, NY: John Wiley & Sons; 1986. p. 418.

[23] Sisman O, Bopp CD. Physical properties of irradiated plastics, ORNL-928. Springfield, VA: National Technical Information Service Operations; 1951.

[24] Baccaveda M, Fossini V. J Appl Polym Sci 1966;10:399.

[25] Wippler C. J Polym Sci 1958;24:585.

[26] Clough RL, Gillen KT. Radiat Phys Chem 1983;22:527.

[27] Posselt K. Kolloid Z Z Polym 1958;223:104.

[28] Miller AA. J Phys Chem 1959;63:1775.

[29] Davies K, Glover LC. Physical properties of polymers handbook. Woodbury, NY: American Institute of Physics; 1996. p. 568.

[30] Charlesby A. Atomic radiation and polymers. Cambridge, UK: Pergamon Press; 1962.

[31] Alexander P, Charlesby A, Ross M. Proc Royal Soc 1954;223:392.

[32] Lyons BJ. Radiat Phys Chem 1995;45:159.

[33] Tabata Y. Solid state reactions in radiation chemistry. In: Taniguchi conference. Sapporo, Japan; 1992. p. 118.

[34] Sun J, Zhang Y, Zhong X. Polymer 1994;35:2881.

[35] Oshima A, Ikeda S, Seguchi T, Tabata Y. Radiat Phys Chem 1995;45 (2):269.

[36] Lyons BJ. In: Scheirs J, editor. Modern fluoropolymers. Chichester, UK: John Wiley & Sons; 1997. p. 341.

[37] Korenev S. Radiat Phys Chem 2004;71:521.

[38] Florin RE. In: Wall LA, editor. Fluoropolymers. NY: Wiley Interscience; 1972. p. 321.

[39] Bowers GH, Lovejoy ER. I&EC Product Res Develop 1962;1:89.

[40] Rosenberg Y, Siegmann A, Narkis M, Shkolnik S. J Appl Polym Sci1992;44:783.

[41] Scheirs J. In: Scheirs J, editor. Modern fluoropolymers. Chichester, UK: John Wiley & Sons; 1997. p. 61.

[42] Carlson DP, West NE. U.S. patent 3738923; 1973.

[43] Suther JL, Laghari JR. J Mat Sci Lett 1991;10:786.

[44] Pae KD, Bhateja SK, Gilbert JR. J Polym Sci Part B Polym Phys 1987;25:717.

[45] Wang TT. Ferroelectrics 1982;41:213.

[46] Timmerman R, Greyson W. J Appl Polym Sci 1962;22:456.

[47] Yoshida Y, Florin RE, Wall LA. J Polym Sci Part A 1965;3:1685.

[48] Lyons BJ, Glover LC. Radiat Phys Chem 1990;35:139.

[49] Lyons BJ, Glover LC. Radiat Phys Chem 1991;37:93.

[50] McCune LK. Textile Res 1962;32:262.

[51] Weyers RE, Blankenhorn PR, Stover LR, Kline DE. J Appl Polym Sci 1978;22:2019.

[52] Hanks CL, Hamman DJ. Radiation effects design handbook, NASACR-1787, Sec. 3; 1971.

[53] Brown JR, O'Donnell JH. J Appl Polym Sci 1979;23:2763.

[54] Hegyazy EA, et al. Polymer 1992;33:2904.

[55] El-Naggar AM, Kim HC, Lopez LC, Wilkes GL. J Appl Polym Sci 1989;37:1655.

[56] Franta I. In: Franta I, editor. Elastomers and rubber compounding materials. Amsterdam: SNTL Prague and Elsevier; 1989. p. 25.

[57] Quirk RP, Morton M. In: Mark JE, Burak E, Eirich FR, editors. Science and technology of rubber, [chapter 11]. 2nd ed. San Diego, CA: Academic Press; 1994.

[58] Bhowmick A, Stephens HL, editors. Handbook of elastomers. 2nd ed. New York, NY: Marcel Dekker; 2001.

[59] Ro themeyer F, Sommer F. Kautschuktechnologie. Munich: Carl HanserVerlag; 2001 [in German].

[60] White JL. Rubber processing. Munich: Hanser Publishers; 1995.

[61] Hamed G. In: Gent AN, editor. Engineering with rubber. Munich: Hanser Publishers; 1992. p. 20.

[62] Bo hm GGA, Tveekrem JO. Rubber Chem Technol 1982;55(3):608.

[63] Flory PJ. Ind Eng Chem 1946;38:417.

[64] Bo hm GGA, et al. J Appl Polym Sci 1977;21:3193.

[65] Smith TL. In: Eirich FR, editor. Rheology, theory and application,vol. 5 [chapter 11], New York, NY: Academic Press; 1969.

[66] Pearson DS. Radiat Phys Chem 1981;18(1-2):95.

[67] Lal J. Rubber Chem Technol 1970;43:664.

[68] Kuzminskii A, et al. In: Proc. international conference on peaceful uses of atomic energy. Geneva; 1958. p. 258.

[69] Kozlov VT, Klauzen NA, Tarasova ZN. Vysokomol Soedin 1968; A10(7):1949.

[70] Kaufmann R, Heusinger H. Makromol Chem 1976;177:871.

[71] Katzer H, Heusinger H. Makromol Chem 1973;163:195.

[72] Turner D. J Polym Sci 1958;27:503.

[73] Turner DT. J Polym Sci 1960;35:541 and Polymer (London) 1959;1:27.

[74] Mullins L, Turner DT. Nature 1959;183:1547.

[75] Mullins L, Turner DT. J Polym Sci 1960;43:35.

[76] Kozlov VT, Yevseyev AG, Zubov IP. Vysokomol Soedin 1969; A11(10):2230.

[77] Bauman RG. J Appl Polym Sci 1959;2:328.

[78] Roberts DS, Mandelkern L. J Am Chem Soc 1958;80:1289.

[79] Harmon DJ. Rubber World 1958;138:585.

[80] Harmon DJ. Rubber Age 1959;86:251.

[81] Dogadkin BA, Mladenov I, Tutorskii IA. Vysokomol Soedin 1960; 2:259.

[82] Nablo SV, Makuuchi K. Meeting of the rubber division of American Chemical Society. Pittsburg, PA; 1994 [paper #83].

[83] Chai CK, et al. Sains Malaysiana 2008;37(1):79-84.

[84] Blanchford J, Robertson RF. J Polym Sci 1965;3:1289 1303, 1313 and 1325.

[85] Petrov Ya, Karpov VL, Vsesoyuz T. Soveshchenia po radiatsionoi khim. Acad Sci USSR 1958;279.

[86] von Raven A, Heusinger H. J Polym Sci 1974;12:2255.

[87] Bo hm GGA. In: Dole M, editor. The radiation chemistry of macromolecules, vol. II. New York, NY:

Academic Press; 1972.

[88] Parkinson WW, Sears WC. Adv Chem Ser 1967;66:37.

[89] Golub MA. J Am Chem Soc 1958;80:1794.

[90] Golub MA. J Am Chem Soc 1960;82:5093.

[91] Zapp RL, Oswald AA. Rubber division meeting (Cleveland), Am. Chem. Soc. 1975 [paper #55].

[92] Tarasova ZN, et al. Kauch Rezina 1958;5:14.

[93] Harmon DJ. Rubber Age (London) 1958;84:469.

[94] Yoshida K, et al. J Macromol Sci 1980;A14:739.

[95] Okamoto H, Adachi S, Iwai T. J Macromol Sci 1977;A11:1949.

[96] Okamoto H, Adachi S, Iwai T. J Polym Sci 1979;17:1267 and 1279.

[97] Dogadkin BA, et al. Uses of radioactive isotopes and nuclear rad. in USSR. In: Proc. all-union conference. Riga; 1960.

[98] Jackson WW, Hale D. Rubber Age 1955;77:865.

[99] Pearson DS, Bo hm GGA. Rubber Chem Technol 1972;45:193.

[100] Palalskii BK, et al. Vysokomol Soedin 1974;A16:2762.

[101] Alexander P, Charlesby A. Proc Royal Soc London 1955;A230:136.

[102] Alexander P, Black R, Charlesby A. Proc Royal Soc London 1955; A232:31.

[103] Berzkin BG, et al. Vysokomol Soedin 1967;9:2566.

[104] Turner DT. In: Bateman L, editor. The chemistry and physics of rubber like substances. New York, NY: John Wiley & Sons; 1963. p. 563.

[105] Karpov VL. Sessiya Akad. Nauk SSSR po Mirnomu Ispol. Moscow: Atom. Energii, Akad. of Sci; 1955.

[106] Slovokhotova NH, Vsesoyuz II. Seveshchania po Radiatsionoi. Moscow: Khim. Acad. Sci.; 1958. p. 263.

[107] Loan LD. J Polym Sci 1964;A2:2127.

[108] EXXON Chemical Brochure on Conjugated Diene Butyl Elastomer.

[109] Odian G, Bernstein BS. J Polym Sci Lett 1964;2:819.

[110] Geissler W, Zott M, Heusinger H. Makromol Chem 1978;179:697.

[111] Faucitano A, Martinotti F, Buttafava A. Eur Polym J 1969;12:467.

[112] Odian G, Lamparella D, Canamare J. J Polym Sci 1967;C16:3619.

[113] Geymer DD, Wagner CD. Polymer Prep Am Chem Soc Div Polym Chem 1968;9:235.

[114] Smetanina LB, et al. Vysokomol Soedin 1970;A12:2401.

[115] Pearson DS, Bo hm GGA. Rubber Chem Technol 1968;45:193.

[116] Eldred RJ. Rubber Chem Technol 1974;47:924.

[117] Kammel G, Wiedenmann R. Siemens Forsch Entwicklungsber 1976;5:157.

[118] El. Miligy AA, et al. Elastomerics 1979;111(12):28.

[119] Krishtal' IV, et al. Kauch Rezina 1976;(4):11.

[120] Tarasova NN, et al. Vysokomol Soedin 1972;A14:1782.

[121] Oganesyan RA. Kauch Rezina 1976;(1):34.

[122] Ito M, Okada S, Kuriyama I. J Mater Sci 1981;16:10.

[123] Polmanteer KE. In: Bhowmick AK, Stephens HL, editors. Handbook of elastomers. New York, NY: Marcel Dekker; 2001. p. 606.

[124] Ormerod MG, Charlesby A. Polymer 1963;4:459.

[125] Yasin T, Ahmed S, Yoshii F, Makuuchi K. React Func Polym 2002;53:173.

[126] Bhowmick AK, Vijayabaskar V. In: 167th Technical meeting of the rubber division. San Antonio, TX:

American Chemical Society; 2005 [paper #8].

[127] Charlesby A. Proc R Soc London Ser A 1955;230:120.

[128] Miller AA. J Am Chem Soc 1960;82:3319.

[129] Kilb RW. J Phys Chem 1959;63:1838.

[130] Delides CG, Shephard IW. Radiat Phys Chem 1977;10:379.

[131] Miller AA. J Am Chem Soc 1961;83:31.

[132] Przbyla RL. Rubber Chem Technol 1974;47:285.

[133] Mironov EI, et al. Kauch Rezina 1971;(6):19.

[134] Drobny JG. Technology of fluoropolymers. 2nd ed. Boca Raton, FL: CRC Publishers; 2009. p. 93.

[135] Arcella V, Ferro R. In: Scheirs J, editor. Modern fluoropolymers.Chichester, UK: John Wiley & Sons; 1997. p. 72.

[136] Tabata Y, Kojima G. Jpn Kokai JP 1973;73(38):465.

[137] Yamamoto T, Uchijima K, Ito Y. Jpn Kokai JP 1980;73(37):982.

[138] Ito M. J Jap Soc Rubber Ind 1986;59:169.

[139] Kaiser RJ, Miller GA, Thomas DA, Sperling LH. J Appl Polym Sci 1982;27(3):957.

[140] Vokal A, Pallanova M, Cernoch P, Klier I, Kopecky B. Radioisotopy 1988;29(5-6):426 CA 112(14):119976u.

[141] Logothetis AL. U.S. patent 5260351 to E.I. Du Pont de Nemours and Company; 1993.

[142] Caporiccio G, Mascia L. U.S. patent 5457158 to Dow Corning Corporation; 1995.

[143] Drobny JG. Handbook of thermoplastic elastomers. Norwich, NY: William Andrew Publishing; 2007. p. 150.

[144] Spenadel L, Grosser JH, Dwyer SM. US Patent 4,843,129 to EXXON Research and Engineering company (June 1989).

[145] Stine CR et al. US Patent 3,990,479 to Samuel Moore and Company (November 1976).

[146] Drobny JG. Rubber World 2005;232(4):27.

[147] Mehnert R, Bo gl KW, Helle N, Schreiber GA. In: Elvers B, Hawkins S, Russey W, Schulz G, editors. Ullmann's encyclopedia of industrial chemistry, A22. Weinheim: VCH Verlagsgesselschaft; 1993.

[148] Mehnert R, Pincus A, Janorsky I, Stowe R, Berejka A. UV &EB curing technology & equipment. London and Chichester: SITA Technology Ltd./John Wiley & Sons; 1998. p. 22.

[149] Janke CJ, et al. U.S. patent 5877229 to Lockheed Martin Energy Systems; 1999.

[150] Shu JS, et al. U.S. patent 4657844 to Texas Instruments; 1987.

[151] Carroy AC, In: Conference proceedings of the 19th technology days in radiation curing process and systems, Le Mans, France; 1998.

[152] Heger A. Technologie der strahlenchemie von polymeren. Berlin: Akademie Verlag; 1990.

[153] Oldring PKD, editor. Chemistry and technology of U.V. and E.B. formulations for coatings, inks and paints. London: SITA Technology Ltd; 1991.

[154] Randell DR, editor. Radiation curing of polymers. London: The Royal Society of Chemistry; 1987.

[155] Radiation curing of polymeric materials. In: Hoyle CE, Kinstle JF, editors. ACS symposia series, vol. 417. 1990.

[156] Garratt PG. Strahlenha rtung. Hannover: Curt Vincentz Verlag; 1996, in German.

[157] Wellons JD, Stannett VT. J Polym Sci 1965;A3:847.

[158] Demint RJ, et al. Textile Res J 1962;32:918.

[159] Dilli S, Garrnett JL. J Appl Polym Sci 1967;11:859.

[160] Hebeish A, Guthrie JT. The chemistry and technology of cellulosic copolymers. Berlin: Springer Verlag; 1981.

[161] Garnett JL. Radiat Phys Chem 1979;14:79.

[162] Dworjanyn P, Garnett JL. Radiation grafting of monomers on plastics and fabrics. In: Singh A, Silverman J, editors. Radiation processing of polymers [chapter 6]. Munich Carl Hanser Verlag; 1992.

[163] Kabanov VY, Sidorova LP, Spitsyn VI. Eur Polym J 1974;1153.

[164] Huglin MB, Johnson BL. J Polym Sci 1969;A-1, 7:1379.

[165] Trommsdorf E, Kohle G, Lagally P. Makromol Chem 1948;1:169.

[166] Rengarajan LS, Parameswara VR. J Appl Polym Sci 1990;41:1891.

[167] Bhattacharya A, Misra BN. Progr Polym Sci 2004;29:767.

[168] Dilli S, Garnett JL. Aust J Chem 1970;23:1163.

[169] Ang CH, Garnett JL, Levot R, Long MA, Yen NT. In: Goldberg EP, Nakajima A, editors. Biomedical polymers, polymeric materials and pharmaceuticals for biomedical use. New York, NY: Academic Press; 1960.

[170] Stannett VT, Silverman J, Garnett JL. In: Allen G, editor. Comprehensive polymer science. New York, NY: Pergamon Press; 1989.

[171] Stannett VT. Radiat Phys Chem 1990;35:82.

[172] Garnett JL, Leeder JD. ACS Symp Ser 1977;49:197.

[173] Bett SJ, Garnett JL. SME technical paper FC-260. In: Proceedings of Radcure'87 Europe (Munich). Dearborn, MI: Society of Manufacturing Engineers; 1987.

[174] Simpson JT. Radiat Phys Chem 1985;25:483.

[175] Pacansky J, Waltman RJ. Prog Org Coat 1990;18:79.

[176] Goldberg EP, et al. U.S. patent 6387379 to University of Florida; 2002.

[177] Salovey R, et al. U.S. patent 6281264 to The Orthopedic Hospital, Los Angeles, CA and University of South California, Los Angeles; 2001.

[178] Perez E, Miller D, Merrill EW, U.S. patent 5,836,313 to Massachusetts Institute of Technology; 1998.

[179] Hasegawa T, Kondo T. U.S. patent 6127438 to Asahi Kasei Kogyo Kabushiki Kaisha; 2000.

[180] Nablo SV. U.S. patent 5825037 to Electron Processing Systems, Inc; 1998.

[181] Vasiljeva IV, Mjakin SV, Makarov AV, Krasovsky AN, Varlamov AV. Appl Surf Sci 2006;252(24):8768.

[182] Kaetsu I. In: Singh A, Silverman J, editors. Radiation processing of polymers [chapter 8 Radiation techniques in the formulation of synthetic biomaterials]. Munich: Carl Hanser Publishers; 1992.

## 推荐阅读材料

Makuuchi K, Cheng S. Radiation processing of polymer materials and its industrial applications. Hoboken, NJ: John Wiley & Sons; 2012.

Industrial Radiation Processing with Electron Beams and X-rays. International Atomic Energy Agency. Vienna, Austria; 2011.

Drobny JG. Radiation technology for polymers. Boca Raton, FL: CRC Press; 2010.

Bhattacharya A, Rawlins JW, Ray P, editors. Polymer grafting and crosslinking. Hoboken, NJ: John Wiley &

Sons, 2009.

Bhowmick AK, editor. Current topics in elastomers research. Boca Raton, FL: CRC Press; 2008.

Scheirs J, editor. Modern fluoropolymers. Chichester, UK: John Wiley & Sons; 1997.

Mark JE, editor. Properties of polymers handbook. Woodbury, NY: American Institute of Physics; 1997.

Clough RL, Shalaby SW, editors. Irradiation of polymers: fundamentals and technological applications [ACS symposium series 620], Washington, DC: American Chemical Society; 1996.

Garratt PG. Strahlenha rtung. Hannover: Curt R. Vincentz Verlag; 1996. p. 61 [in German].

Mehnert R. Radiation chemistry: radiation induced polymerization in Ullmann's encyclopedia of industrial chemistry, vol. A22. Weinheim VCH; 1993.

Singh. A, Silverman J, editors. Radiation processing of polymers. Munich: Carl Hanser Verlag; 1992.

Bradley R. Radiation technology handbook. New York, NY: Marcel Dekker;1984.

Böhm GGA, Tveekrem JO. The radiation chemistry of elastomers and its industrial applications. Rubber Rev 1982, Rubber Chem Technol 1982;55(3):575.

Charlesby A. Atomic radiation and polymers. New York, NY: Pergamon Press; 1960.

# 6

## 电离辐射的工业应用

目前❶，世界上有1400多个高能电子束加速器分布在不同的行业[1]。电离辐射的大规模产业化应用，主要是利用电子束辐照装置，始于20世纪50年代末，当时Raychem公司引进了聚丙烯热缩管的生产，W. R. Grace开始生产聚烯烃包装。大约在同一时间，固特异（Goodyear）和费雷斯通（Frestone）开始研究轮胎应用中电子束辐照对橡胶化合物的改性[2]，福特（Ford）公司使用电子束辐照对汽车涂料进行固化[3]。

前几章讨论的单体、低聚物化学反应和电离辐射引起的聚合物性质的显著变化可用于各种实际的工业应用。除了已经提到的清洁和安全技术方面的优势外，电离辐射几乎可以瞬间转换以及对剂量和穿透深度的出色控制。电子束工艺已进入许多工业应用领域，例如绝缘电线电缆、轮胎制造、聚合物发泡材料生产，热缩薄膜和管材、涂料、胶黏剂和复合材料的固化，以及印刷和其他技术的开发，使用的设备必须与给定的工艺相匹配。例如，对于电线和电缆，轮胎部件的预硫化和橡胶制品的加工，以及需要更大电子穿透力的聚烯烃发泡材料，需要使用能量范围为0.5～5MeV、额定功率小于200kW的加速器[4]。涂层、胶黏剂、印刷和薄膜可通过100～500keV范围内的低能加速器进行加工。工业中电离辐射的另一个应用是电子束与X射线的转换。表6.1给出了聚合物体系中电子束加工的一些主要工业应用。图6.1给出了电子束的相对市场份额。

表6.1　聚合物材料EB加工的主要商业应用

| 材料/基板 | 应用程序 | EB工艺 |
| --- | --- | --- |
| 聚烯烃和聚氯乙烯，某些弹性体 | 电线和电缆绝缘 | 交联，0.4～3MeV，剂量约10kGy或更高 |
| 弹性体 | 轮胎的制造，提高了零部件的绿色强度和轮胎的性能 | 高能电子的交联 |
| 聚烯烃和聚氯乙烯 | 提高热稳定性、均匀性、精细结构 | 高能电子的交联 |
| 浸渍了丙烯酸和甲基丙烯酸单体的木材 | 高流量区域的高性能无磨损地板 | EB聚合 |
| 聚烯烃 | 热缩膜和套管 | 交联 |
| 聚合物薄膜、金属箔、纸张、金属、木材 | 胶黏剂、涂料和油墨的固化 | 在100～500keV中的低能下加工，剂量范围为0.1～0.2MGy |
| 聚四氟乙烯 | 降解成低分子量的产物（"微粉末"），用作涂料、润滑剂和油墨的添加剂 | 200～400kGy的高能辐照 |

❶ 译者注：该时间为原著撰写时间，早于2013年。

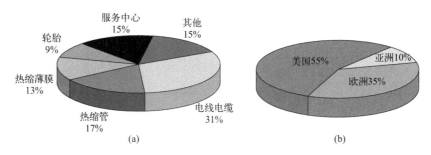

图6.1 世界电子束市场（图片由A. J. Berejka提供）（a）和各大陆的电子束市场（b）

## 6.1 电线电缆技术

电线和电缆工业生产各种各样的导体。大多数情况下，导电的材料是铜和铝，聚合物材料，如塑料、橡胶、热塑性弹性体和特殊涂层的主要功能是提供电绝缘性。聚合物的其他用途也很重要，如作为外套（护套），保护电线和电缆绝缘层免受化学品、水分、臭氧和其他环境因素的影响，并防止磨损和割伤。特殊的聚合物和化合物可以提高电线和电缆护套的阻燃性。

电线和电缆工业生产的导体大致可分为两大类：电线和电缆。它们之间的区别是：电线是单导体，而电缆是一组两个或两个以上绝缘的导体。如果两根导体上没有绝缘，那么就不是电缆；它仍然是一个单独的导体，被归类为电线。电线和电缆产品有四种基本类型，包括单导体、多导体、双绞线和同轴电缆。

电缆有四种基本类型：双绞线电缆、多芯电缆、同轴电缆和光纤电缆。双绞线电缆是把两对导线绞在一起的电缆，专门用来传送信号。双绞线电缆不易受干扰。多芯电缆是由许多绝缘导体组成的电缆（图6.2）。这种类型的电缆在控制应用中很常见，但在信号应用中几乎从不使用。同轴电缆是

图6.2 多芯电缆（图片由M.R. Cleland提供）

另一种流行的电缆配置。同轴电缆中两个导体上的信号是不一样的，因为屏蔽层承载地面和信号。由于两个导体上的信号不相同，所以称这种结构是不平衡线路。光纤电缆分为三种：塑料光纤、多模光纤和单模光纤。塑料光纤通常用于高端音频信号。多模光纤由玻璃制成，直径范围较大，用于数据传输。单模光纤非常细，只有在显微镜下才能看到。

### 6.1.1 电缆制造中的装置和工艺

#### 6.1.1.1 挤出

丁字头挤出工艺广泛应用于电线和电缆的绝缘涂覆。基本程序包括用丁字头模具（图6.3）以均匀的速度拉出电线或电缆，并在其上覆盖熔融塑料或热橡胶混合物。这种用于涂覆的挤出工艺被用在大多数的电线和电缆中，这些电线和电缆用于远程通信和电子工业。若加工更多的涂层，两个挤出机也可以同时使用。通常采用单螺杆挤出机进行线形加工，使用丁字头挤出工艺。挤出机的工作是在均匀恒定的熔体压力和温度下熔化树脂并将其送入模具。丁字头挤出过程是由生产线上的设备完成的（图6.4）。

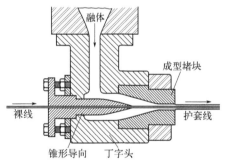

图6.3 丁字头模具的示例

图6.4 带有丁字头模具的电线电缆挤出系统（图片由Davis Standard公司提供）

在此工艺中，内层绝缘被定义为直接应用于电线/电缆上的聚合物材料，以将金属导体隔离。外套（或护套）是指将绝缘涂层或护套覆盖在一根电线或一组电线上，用于非电气性能保护。护套通常覆盖在主线上。挤出的绝缘层或夹套的冷却是在空气或水中进行的。

各种聚合物通过丁字头挤出工艺用于电线涂层。这些材料的特性使它们成为一种理想材料，这些特性包括灵活性、理想的电气性能、耐化学品、抗机械和环境破坏的能力以及耐久性。

橙胶基绝缘材料已在电线和电缆生产中应用了近一个世纪。电线和电缆用化合物的设计主要是为了满足其预期用途所需的电性能，并具有在其预期使用条件下令人满意的成型能力。虽然物理性能是次要的考虑因素，但各种规格也有明确的要求。

外套或护套橡胶混合物应用于电缆结构的绝缘上，提供了在使用中所需的耐磨性、耐腐蚀性和整体强度。物理性能要求随着预期应用范围的不同而有很大的差异，从10.3MPa（1500psi）的柔性便携式电缆拉伸强度到24.1MPa（3500psi）的重型电缆的最低拉伸强度。

## 6.1.1.2 硫化（交联）

连续硫化（continuous vulcanization,CV）用于硫化（交联）橡胶电线和电缆化合物是最广泛使用的工艺，尤其是在北美。该生产装置主要由一个附加在夹层固化管上的挤出机组成，高压蒸汽被限制在其中。电线或电缆通过挤压直接从挤出机头排到蒸汽管中，通过蒸汽管在压力下输送。一般采用1.4 MPa（200psi）及以上的蒸汽压力，管柱长度可达60m（200ft）或更长。加热管通常被分成几个单独控制的加热区，这些加热区的温度最高可以调节到450℃（842 ℉）的回火温度。用于连续硫化的化合物设计在高温下几秒钟内就可以固化，其处理和加工比传统橡胶制造更为关键。

用于电线和电缆绝缘最多的聚合物材料是热塑性塑料，即PE、PVC[5]以及较小量的弹性化合物。聚乙烯和聚氯乙烯电线电缆绝缘之所以普遍使用，主要原因是其容易加工，成本相对较低，但其主要缺点是物理性能，如高温下的非塑性流动、环境应力开裂、溶胶排出阻力差、软化温度低[6]，不能满足现代应用对它们的要求。这些材料的交联提高了它们的韧性、弹性和抗冲击性，对溶剂和化学品的耐受性，并提高了它们的使用温度[7,8]。

## 6.1.1.3 辐射交联与化学交联

在电线电缆行业中，主要有三种交联工艺：有机过氧化物交联、硅烷交联和电子束辐射交联。化学交联方法仍被用于改善聚乙烯和其他聚合物基绝缘电线和电缆[9,10]。然而，自20世纪70年代中期高能大电流电子加速器广泛应用于辐射加工[11,12]，辐射交联比化学工艺更有优势，使其每年稳定增长约10%～15%[13]。表6.2给出了这三种交联（固化）方法对电线电缆各种指标的影响。如今，世界上超过30%的工业电子束工艺用于电线和电缆绝缘层的辐射交联[6]。

表6.2 交联方法对电线电缆性能和相关成本的影响

| 指标 | 辐射交联 | 过氧化物交联 | 硅烷交联 |
|---|---|---|---|
| 电线电缆适宜尺寸 | 小 | 大 | 大 |
| 复合成本 | 低 | 中 | 高 |
| 保质期 | 长 | 中 | 短 |
| 生产率 | 大 | 小 | 小 |
| 交联度 | 中 | 高 | 低 |

用过氧化物连续交联电线电缆的生产线必须长约200m（61ft）[5]。典型的连续交联电线电缆系统如图6.5所示。使用电子加速器进行辐射交联所需的厂房空间要小得多，而且辐射交联工艺的能耗远低于化学交联工艺的能耗[14]。所需交联度的剂量由加速器的电子电流和电线或电缆速度决定，因此，过程控制非常简单[15]。根据热源（通常是蒸汽）和产品尺寸，硫化线温度的调节通常在200～400℃（392～752℉）范围内，比电子束电流的控制更复杂。电线电缆电子束交联系统如图6.6所示（有关装置的详细信息见3.2.2）。

化学交联仅适用于聚乙烯和弹性体，而电子束辐射交联可用于聚乙烯、聚乙烯与阻燃剂、聚氯乙烯、一些含氟聚合物和一些弹性体。表6.3给出了电线电缆应用中的辐射交联和过氧化物交联的比较。

聚乙烯的硅烷交联主要用于低压应用。这是一个两阶段的过程，交联时间取决于水分完全从绝缘层扩散所需的时间，因此，交联过程相当缓慢。该体系的另一个缺点是硅烷交联剂的保质期有限，化合物的成本也很高[5]。

一般来说，传统的交联橡胶方法，如CV，都涉及弹性体和交联剂在非常高的温度下的化学反应。此外，电子束的辐照是在环境温度下进行的。因此，与化学交联方法相比，电子束辐照提供了多种优势，例如：

• 显著节能；

• 显著节省CV交联的空间；

• 无蒸汽的有害影响，例如微孔和气泡；

• 辐射更通用，对交联密度提供更精确的控制，温度和湿度敏感的材料也可以加工；

• 化学工艺中残留的未反应交联剂会使材料的电性能普遍下降，而电子束辐照无此缺点。

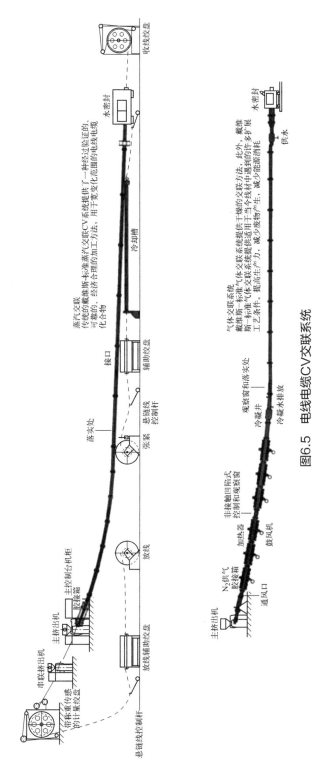

图6.5 电线电缆CV交联系统

顶部：标准蒸汽加热；底部：燃气供热

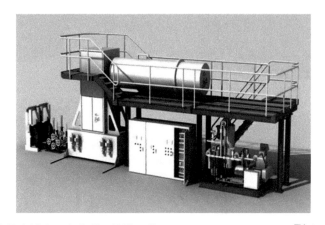

图6.6　电线电缆电子束交联系统使用的Easy-e-Beam System™（图片由IBA Industrial提供）

表6.3　电线、电缆绝缘材料的辐射交联与过氧化物交联性能对比

| 性能 | 辐射交联 | 过氧化物交联 |
|---|---|---|
| 能源消耗 | 低 | 高 |
| 线路速度/［m/min(ft/min)] | 快速<br>高达500（1640） | 慢速<br>最大200（655） |
| 加工方式 | 离线 | 在线 |
| 占地空间 | 相对较小 | 相对较大 |
| 产品尺寸 | 各种 | 固定 |
| 工艺控制 | 电流和线速 | 热流 |
| 绝缘材料① | LDPE，FRLDPE，HDPE，FRHDPE，PVC | LDPE |
| 维护成本 | 低 | 高 |
| 启动时废料 | 无废料 | 报废100 m（330 ft） |
| 额定电压/kV | 5 | 50 |
| 成本 | 高 | 中等 |

① FRLDPE—阻燃LDPE；HDPE—高密度PE；FRHDPE—阻燃HDPE；PVC—聚氯乙烯。

　　交联对所选聚合物绝缘材料介电常数的影响如表6.4所示。用于电绝缘的聚合物材料不仅要表现出良好的电性能，而且还必须表现出良好的力学性能和良好的外观。除了可靠的电气性能外，热稳定性也很重要，主要用于小型化的电子和电气设备。需要在90～125℃（194～257℉）之间的温度下具有长期稳定性，并要求短期稳定，以确定对熔化焊料和穿透电阻的电阻值。绝缘材料最重要的性能测试是介电强度和绝缘电阻。电线电缆产品要求在不同电压范围和不同条件下工作，例如在潮湿的环境中和老化后[16]。其中一项测试是介电击穿。当从分子中分离出来的电子在电场中获得足够的能量以产生二次电离和电子雪崩时，就会发生介电击穿[17]。对于大多数聚合物，介电强度可以高达 1000 MV/m。然而，在实际条件下，聚合物绝缘的破坏发生在低得多的电场强度下。例如，如果绝缘材料中耗散的功率使其温度升高到足以引起热应力，则介电击穿会在低得多的场强下发生。另一个因素是表面污染，这可能导致许多聚合物绝缘体在其表面上留下痕迹而破裂[18]。

表6.4　交联对所选聚合物绝缘材料介电常数的影响

| 绝缘材料 | 体积电阻率/（W/cm） | 介电常数 | |
|---|---|---|---|
| | | 未交联 | 交联 |
| 低密度PE | $10^{18}$ | 2.3 | 2.0 |
| 高密度PE | $10^{16}$ | — | — |
| 硬质PVC | $10^{16}$ | — | — |
| PVC | $10^{11}\sim10^{14}$ | 3.8 | 3.2 |
| PP | $10^{16}$ | 2.3 | |
| EPDM | $10^{16}$ | 3.1 | 3.6 |

当聚合物用作高压电力电缆[19]或电线[20]的绝缘时，必须考虑另外两个重要的电气性能——介电常数和介电损耗系数，它们表征了电力系统的损耗、电容、阻抗和衰减。

与金属和半导体不同，多聚物中的价电子定位于共价键[21]。电场作用下流过聚合物的小电流主要来自于结构缺陷和杂质。填充剂、抗氧化剂、增塑剂、加工助剂或阻燃剂等添加剂会增加载流子的电荷，导致其体积电阻率下降[5]。在辐射交联过程中，电子可能在材料中产生辐射缺陷；吸收剂量越高，缺陷的数量就越多。因此，辐射交联聚合物的电阻率可能会降低[22]。

耐磨性和耐焊锡性是电线和电缆绝缘体的另外两个重要特性。这些性能对于用作连接线护套或护套的聚合物至关重要。交联改善了两者的性能[5]。

大于4mm（0.16in）的高压聚乙烯绝缘体在辐照时容易由热量积聚、氢气的演化和过量电荷[23]积聚导致的放电击穿而形成空洞。为了消除这个问题，需要添加助剂（如多功能丙烯酸酯和甲基丙烯酸酯单体）来降低所需剂量[24]。某些单体，如TAC和二炔基琥珀酸酯[24]，可以有效地减少交联所需的剂量，但它们对绝缘[25]的损耗系数有不利影响。

聚氯乙烯，另一种广泛用于电线电缆绝缘的聚合物，在惰性气体辐照下交联；当在空气中辐照时，断裂占优势[26,27]。为了使交联占优势，必须添加多官能单体，如三官能度丙烯酸酯和甲基丙烯酸酯[5,28]。表6.5是标准PVC和辐照PVC电线绝缘层的比较。

表6.5　标准和辐照聚氯乙烯电线绝缘的比较①

| 性能 | 标准PVC，非辐照 | 辐照聚乙烯 |
| --- | --- | --- |
| 拉伸强度/psi（MPa） | 2000（13.8） | 4200（29） |
| 断裂伸长率/% | 200 | 170 |
| 氧指数 | 32 | 37 |
| 烙铁（切断）/s | <1 | >600 |
| 凿切通试验温度/℃ | 85 | 108 |
| 挠曲强度/psi（MPa） | 23（0.16） | 80（0.55） |
| 在ASTM3号油中膨胀 | 良 | 优 |

① 绝缘线，壁厚为10 mil（0.25 mm）。

氟聚合物如乙烯-四氟乙烯共聚物（ETFE）、聚偏氟乙烯（PVDF）和聚氟乙烯共聚物（PVF）广泛应用于电线电缆绝缘。它们相对容易加工，具有优异的化学性能和耐热性，但在接近熔点的温度下容易蠕变、开裂，并具有较低的机械应力。研究发现，辐射能改善其力学性能和抗裂性能[29]。

乙丙橡胶（EPR）也被用于电线和电缆绝缘。与低密度聚乙烯（LDPE）等热塑性聚烯烃共混后，其加工性能显著提高。LDPE的典型添加量为10%（质量分数）。EPR和高PE含量的三元共聚物可以通过辐照交联[5]。表6.6给出了一个基于三元乙丙橡胶的可固化电线耐火绝缘材料的例子。

表6.6　电子束固化的耐火绝缘材料示例[30]

| 材料 | 用量/份① |
| --- | --- |
| EPDM（含亚乙基降冰片烯、二烯固化部位） | 100 |
| 水合氧化铝（填料、阻燃剂） | 100 |
| 石蜡加工油（增塑剂） | 50 |
| 硅烷A172（偶联剂） | 2 |
| 抗氧化剂 | 1 |
| TMPTMA（75%）（助剂） | 3 |
| 总计 | 256 |

① 每百份橡胶中的一份（常用于橡胶合成）。

### 6.1.2　电线电缆制造厂的辐射装置和工艺

电线电缆的辐射交联通常需要0.5 ～ 2.5MeV范围内的中能电子。使用高直流电压加速电子的静电电子束系统被认为是最合适的[5]。电线电缆绝缘层的交联是由于穿透绝缘层的快电子所携带的能量的耗散。如2.2节所述，穿透深度由加速电压决定。因此，所使用的设备必须具有足够的束能量，因为它决定了绝缘层的最大厚度，而绝缘层可以被电子穿透并有效地交联[31,32]。电子束的有效深度（最佳穿透）定义为出口平面剂量等于入射表面的厚度。峰值剂量与入口剂量之比定义为剂量一致性[5]。由于过程的性质[33]，传递给绝缘材料的能量不是均匀分布的。然而，辐射交联改性后的绝缘材料的物理性能对深度剂量的变化并不十分敏感。因此，剂量的不均匀性不会引起太大的关注，最大与最小剂量比为1.5或更小的值通常是令人满意的[5]。图6.6所示的电子束固化系统通常用于24 ～ 9G（0.22 ～ 6mm² 截面）的薄壁电线。最大系统处理速度为1000m/min（3200 ft/min），扫描宽度为0.91m（36 in）（更多细节见3.2.2）。

聚乙烯的体积电阻率很高，到达绝缘层的电子很难去除。因此，辐照电线或电缆的电子必须穿过绝缘层，以确保电线或电缆中不会积聚电荷，从而导致介质击穿[34]。聚氯乙烯的电阻率比聚乙烯低，因此，辐射期间的电荷可能从绝缘层通过电线或电缆导体泄漏到地面。给定电子束的穿透深度（或电子范围）取决于电线或电缆绝缘层的厚度，并且可以计算导体的直径[5,35]。通常，穿透深度为绝缘层径向厚度的两倍就足够了[5]。

绝缘层厚度约为1mm（0.040 in）的小型电线电缆的辐照交联是在扫描下完成的。电线或电缆在两个卷筒之间形成8字形（图6.7），并在两侧照射。剂量由伺服链路自动控制。

导体截面较大（例如150mm²）且绝缘层较厚（2mm）的电缆需要进行多

图6.7　电线或电缆的双面辐照，即"8字形"配置（图片由M.R. Cleland提供）

侧面辐照[5,35,36]，使用单台加速器进行四面照射的示意图如图6.8所示[5]，将扫描喇叭口放置在四根绞合在辊之间的电线/电缆上。图6.9显示了用于多次扫描的实际生产夹具。电缆速度、双绞线的旋转速度和扫描频率通过伺服机进行协调[5]。某些高频加速器可以提供从三个方向照射电缆的偏转电子束，所需的电子穿透力等于所需的绝缘厚度，因此，可以使用较低能量的电子加速器[5]。

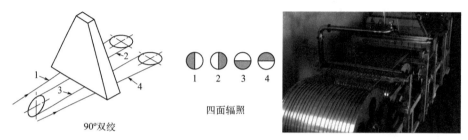

图6.8　使用单台加速器四面照射示意图

图6.9　电线或小导管的多程电线辐照夹具（图片由IBA Industrial 公司提供）

聚乙烯和聚氯乙烯（与助剂混合）的电子束交联所需的剂量分别为100～300kGy和40kGy。电线或电缆穿过电子束的通道数量有其局限性，因为通道之间需要足够的间距以避免重叠或遮挡。总能量利用系数可以在0.20～0.80之间变化[5]。电子束装置的主要制造商提供了计算所需能量[37]和给定尺寸电线和电缆处理率的公式[37-41]。

### 6.1.3　材料

根据最终使用要求，电线护套大多由配方聚乙烯制成。如果需要更大的柔韧性，则应使用聚乙烯和乙丙烯橡胶的混合物，特别是当护套直径增加与电缆一样时。另一种选择是含ENB单体的EPDM橡胶。表6.6给出了典型的辐射交联护套配方[30]。

水合氧化铝是一种首选的阻燃剂，与在火焰中释放出有毒气体的氯化物相反，它在火焰中通过水合作用会释放出水。石蜡油是一种加工助剂，可增强挤出此类材料的能力。硅烷是一种偶联剂，可改善聚合物与水合氧化铝之间的相互作用。三羟甲基丙烷三甲基丙烯酸酯（TMPTMA）增强了辐射响应。

当需要增强耐温性时，使用聚偏氟乙烯（PVDF）或其他含氟聚合物[42]。含氟聚合物具有耐油、阻燃等优点，但也是较昂贵的基材，PVDF是一种极易通过热辐射交联的材料。

### 6.1.4　发展和趋势

电线电缆绝缘的辐射交联在过去几十年中有了长足的发展。以重量为基数，电子束交联电缆绝缘比电线绝缘更多，大多数电线用于电子设备。近年来，增长最快的是阻燃绝缘材料。除PE和PVC外，还使用了氯化PE和氯磺化PE（Hypalons®）[42]。聚丙烯（PP）在价格上与PE类似，但强度更高，也可以被EB交联，但需要助剂，例如TMPTA。助剂的使用大大降低了PP交联所需的剂量[43]。另一个独特的辐射交联绝缘材料是聚合物发泡电线和电缆绝缘材料[5]。

## 6.2　轮胎技术

充气轮胎由几个部件组成（图6.10），这些部件在制造过程中和在模具硫化过程中必须保持其形状和尺寸。这些部件包括内衬层、胎身帘布层、胎面、胎踵、胎圈钢丝和胎圈包布等。当轮胎的各个部分被辐射部分固化时，便不会在轮胎的制造过程中变薄或移位，也不会在模具硫化过程中像未受到辐射的组件一样在模具中变薄和流动。在某些情况下，可以减少用料，用更多的合成橡胶代替更昂贵的天然橡胶，而不会损失强度[44]。

轮胎的胎身帘布层是各种涂有橡胶的帘布。在制造轮胎时，这些帘布层会承受应力。如果帘布层没有足够的初始（即未固化）强度，帘布将在轮胎成型和硫化过程中穿过橡胶涂层（刮擦），从而导致帘布放置不规则或轮胎有缺陷。例如，当胎面花纹层没有足够的生坯强度时，在轮胎制造过程中，绕胎圈转动的胎圈周围的帘布层可能会造成损坏。生坯强度可以定义为黏合强度的水平，它允许基于交联聚合物的基本成分在应力作用下均匀变形，而不会下垂或不均匀变薄（缩颈）。

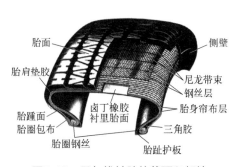

图6.10　子午线轮胎的截面和部件

轮胎通常是在可膨胀（鼓）辊筒上制造的。无内胎轮胎的制造始于将内衬层放置在成型辊筒上，然后添加不同的层和其他组件，包括最后应用的胎面。当辊筒膨胀成型时，必须保持初始（即未固化）形状，即保持胎身帘布层中的帘线间距。在硫化成型过程中，胎面层的角度发生变化时，必须保持正确的帘线位置。因此，胎面帘布挂胶和胎身帘布层挂胶一样，必须有足够的生坯强度。轮胎成型中橡胶材料的另一个重要特性是成型黏度，它本质上是对自身的黏附力（自黏性）。成型黏度水平随着橡胶复合物交联程度的升高而降低。因此，生坯强度和成型黏度必须保持良好的平衡。

轮胎一般通过气压膨胀成环形。在轮胎硫化过程中，加热固化模具会发生额外膨胀。在初始膨胀和硫化过程中，内衬层厚度趋于减小（变薄）并明显流动，特别是在胎肩区域，这取决于内衬化合物的生坯强度。由于内衬层在使用过程中起着维持轮胎充气压力的作用，其厚度对轮胎的空气渗透至关重要。因此，在固化过程中保持其厚度是非常重要的。此前，该厚度是通过使用必要的厚的内衬来保证的。现在这种化合物在辐照下发生部分交联，就没有必要再使用更厚的材料了，从而节省了材料和成本。

如前所述，必须精确控制局部固化程度，以确保轮胎结构所需的足够生坯强度和足够成型黏性。电子束工艺非常适合这一点。部分固化或预固化是通过简单地将轮胎部件放置在传送带上，传送带通过电子束源，并将其暴露在适当的辐照剂量下来完成的。剂量取决于特定的弹性体（或弹性体混合物）、填料的类型和数量、油、抗氧化剂和其他影响化合物辐射效应的复合成分。通常，需要0.1 ~ 20.0Mrad（1 ~ 200kGy）的剂量[44]。图6.11为控制部分交联深度的胎身帘布层的截面。

电子束辐照对轮胎胶料的影响可以通过测定生坯强度和恢复率来评估。生坯强度的测量方式与拉伸强度类似：直边试样（通常为12.5mm宽和2.5mm厚）由拉伸试验机（如Instron）拉伸，并记录峰值应力或拉伸强度。辐照对不同温度下生坯强度影响的示例如图6.12所示。未固化板的实验室试验结果可以表明，如果材料拉伸应力-应变曲线的斜率保持正值，超过硫化前部件承受的最大拉伸，则该材料对于给定的轮胎部件是否具有足够的生坯强度[44]。例如，如果子午线轮胎内衬胶料拉伸应力-应变曲线的斜率在整个100% ~ 300%的拉伸范围内为正，则可以证明该内衬胶的生坯强度是足够的，因为轮胎成型过程中内衬的最大拉伸落在该范围的下端。如果轮胎胎冠部分的延伸超过内衬的均匀变形能力，则会发生不均匀的变薄[46]。

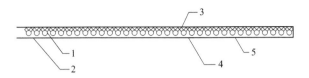

图6.11  具有部分交联深度控制的轮胎胎身帘布截面

1—加强帘线；2—挂胶层；3—部分交联的胶层；4—保留成型黏度；5—排水带

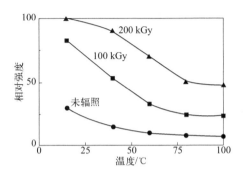

图6.12  辐照剂量对不同温度下生坯强度的影响[49]（经许可转载）

恢复率可通过在100℃（212 ℉）下的常规威廉姆斯塑性试验（ASTM D926）标准的2.2.1进行评估。也可以使用其他试验，这里提到的试验与橡胶化合物和轮胎部件在轮胎制造和硫化过程中的行为最为相关。表6.7给出了参考文献[44]中报道的两种不同化合物的生坯强度和恢复率试验结果，表6.8给出了不同成分辐照帘布挂胶层的生坯强度。硫化溴化丁基内衬化合物（未老化和老化）的物理性能见表6.9。

辐照部件可放置在含硫未硫化弹性体化合物附近，必要时，在接触面之间涂上适当的胶黏剂，以确保轮胎最终固化后良好黏合[44]。

在过去的几十年中，使用高能EB工艺的装置和技术有了长足的发展。

表6.7  辐照对两种不同轮胎胶料生坯强度和恢复率的影响

| 复合物 | 属性 | 剂量/kGy | | | | |
|---|---|---|---|---|---|---|
| | | 0 | 50 | 100 | 150 | 200 |
| 内衬 | 生坯强度[①]/kg | 1.26 | 6.94 | 9.07 | 1.39 | 15.33 |
| | 恢复率[②]/% | 8.0 | 31.5 | 42.5 | 80.0 | — |
| 胎圈包布条 | 生坯强度[①]/kg | 10.34 | 15.92 | 19.10 | 23.59 | 26.40 |
| | 恢复率[②]/% | 9.0 | 39.0 | 48.0 | 54.0 | |

① 拉伸试验中的峰值。
② 可塑性，威廉姆斯（ASTM D928，2.2.1）。

表6.8 不同弹性体成分①（kg）辐照帘布挂胶层的生坯强度

| 类型 | 标称辐射剂量/kGy | | | | |
|---|---|---|---|---|---|
| | 0 | 50 | 100 | 150 | 200 |
| NR/溶聚SBR 50/50 | 1.45 | 2.09 | 2.99 | 3.86 | 5.12 |
| 100%溶聚SBR | 0.27 | 0.36 | 0.77 | 1.45 | — |
| SBR/BR 75/25 | 0.68 | — | — | — | 11.66 |
| 100%BR | 1.59 | 3.86 | 6.17 | 8.26 | — |
| 100%SBR | 0.18 | 0.97 | 2.63 | 4.26 | |

①拉伸强度测试的峰值。

表6.9 硫化溴丁基内衬化合物的物理性能

| 特性 | | 各标称辐射剂量下的特性指标 | | | | |
|---|---|---|---|---|---|---|
| | | 0kGy | 10kGy | 20kGy | 30kGy | 50kGy |
| 未老化 | 硬度 | 53 | 50 | 48 | 46 | 46 |
| | 100%定伸应力/MPa | 1.2 | 1.1 | 1.0 | 0.8 | 0.9 |
| | 300%定伸应力/MPa | 4.8 | 4.3 | 4.3 | 3.6 | 4.0 |
| | 拉伸强度/MPa | 9.9 | 8.7 | 8.0 | 6.9 | 7.5 |
| | 断裂伸长率/% | 640 | 600 | 610 | 670 | 620 |
| | 室温下剥离强度/（kN/m） | 4.2 | 3.2 | 6.4 | 3.8 | 3.6 |
| | 100℃下剥离强度/（kN/m） | 6.3 | 3.7 | 3.9 | 1.1 | 1.4 |
| | 疲劳（固化到流变仪最佳状态）/千周 | 130 | 165 | 160 | 155 | 110 |
| 在125℃时老化240h | 硬度 | 60 | 53 | 55 | 54 | 55 |
| | 100%定伸应力/MPa | 2.2 | 1.8 | 1.8 | 1.8 | 1.9 |
| | 300%定伸应力/MPa | 6.9 | 6.4 | 6.4 | 6.3 | 6.4 |
| | 拉伸强度/MPa | 8.4 | 7.5 | 7.5 | 7.2 | 7.3 |
| | 断裂伸长率/% | 420 | 390 | 400 | 390 | 380 |
| | 疲劳（固化到流变仪最佳状态）/千周 | 25 | 60 | 50 | 45 | 40 |

早期的装置在混凝土拱顶房间中保护，这些拱顶房间长70～80ft（1ft＝30.48cm），高35～40ft，宽16～20ft。加工区的墙壁可能厚4～6ft。放线和收线设备使系统总长度再增加60～80ft。轮胎零件几乎完全离线加工[5,44,46]。由于轮胎制造商大力推动，使装置更方便使用，因此对加速器进行了重新设计，以产生正向辐射，这只需要在前部和侧面进行辐射屏蔽[44]。此外，拱顶房间被放置在地面以下，因此工厂地板提供了大部分的屏蔽。进一步改进了屏蔽结构的设计，用铅和钢组合来代替传统的混凝土拱顶。目前，自屏蔽中

低能（500～800keV）电子束加速器用来部分交联胎身帘布层或内衬层。

由绳索或织物支撑的部件可以通过滑轮系统轻松在线处理，但对于不受支撑的部件，如内衬和其他低张力材料，这还不能实现[47,48]。

目前的技术非常具有成本效益。如果与其他工艺（如挤压或压延）正确配合使用，则可能通过减少材料重量或轮胎部件的重量大大节省成本。据报道，轮胎总厚度的减少可高达20%[48]，由于厚度压缩和天然橡胶与合成橡胶的比率降低，轮胎部件的辐照节省了0.29美元[49]。

## 6.3 聚烯烃发泡材料

热塑性熔体中薄的、高度拉伸的、不断膨胀的发泡是不稳定的，当温度升高时，如果不稳定，发泡状气泡就会破裂。这在使用化学发泡剂时尤为重要，因为它们需要相对较高的温度才能分解。交联是聚烯烃熔体稳定的方法之一。交联不仅能使气泡在膨胀过程中保持稳定，而且还能增强热膨胀过程中对发泡产物的保护作用，这在某些应用中是必要的。

电子束辐照是交联发泡工艺的一种[50]，其他方法是使用过氧化物[51,52]、多功能叠氮化物[53-56]或有机功能性硅烷[57]。PE树脂对电子束辐照反应良好，交联速率明显超过断链速率。PP树脂容易发生$\beta$-裂解，使其很难通过自由基过程进行交联[57]。因此，PP需要交联助剂，如乙烯基单体、二乙烯基苯[58,59]、丙烯酸酯和多元醇甲基丙烯酸酯[60,61]、聚丁二烯等。这些化合物通过抑制聚合物自由基的分解[62]、接枝[63]和加成聚合反应[57]促进聚烯烃聚合物的交联。

最佳交联是最优发泡膨胀的最关键要求。凝胶水平或凝胶分数定义为不溶于沸腾二甲苯的馏分[64]。过度交联会限制泡膨胀，而交联不足会导致泡破裂[65]。最佳交联的窗口相当窄，凝胶膨胀初期的凝胶水平大约为20%～40%，最好为30%～40%[66,67]。熔体流动速率较低（分子量较高）且密度较低的LDPE树脂能够更有效地交联。低密度LDPE具有更多的链分支，因此具有更多的叔氢，从而提供了交联位点。影响交联的其他因素是分子量分布和长链分支[66-68]。对于典型的PE，10～50kGy剂量足以达到30%～40%的最终凝胶水平。

电子束装置的选择取决于发泡厚度和生产率。全世界的发泡材料制造商都在使用电子加速器装置，其电压范围为0.5～4MeV，额定功率为10～50kW。1 MeV装置的穿透深度约为3mm（0.12in），从两侧对照可使厚度加倍[69]。

### 6.3.1 发泡膨胀及其控制

交联片材通过化学发泡剂（如偶氮二甲酰胺）进行膨胀，其分解的温度在200～210℃（392～410 ℉）之间。在辐射交联过程中[70,71]，交联反应是在发泡剂分解和泡膨胀之前完成的。由于发泡剂的分解和泡膨胀是同时进行的，且加热速率不受交联速率的限制[66]，所以这个过程的速度是过氧化物固化的两倍。在交联片材中，发泡的大小更易控制，因为交联提供了阻止泡生长的限制力。因此，辐射交联有利于发泡成核，并且容易获得细小均匀的泡（通常直径为0.2～0.3mm）[72]。

### 6.3.2 制造工艺

用化学交联和辐射交联两种方法制备了交联聚烯烃发泡片材。使用辐射交联聚烯烃发泡的两种成熟制造工艺是积水（Sekisui）工艺和东丽（Toray）工艺。这两种制造方法的区别主要体现在扩张阶段，而扩张阶段几乎总是分开进行的。可发泡片材的生产和交联步骤基本相似。第一步是将发泡剂均匀地混合到聚合物熔体中，然后在挤出线上通过片材挤出成型，然后交联到所需的程度。流程图如图6.13所示。

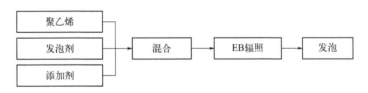

图6.13 辐射交联聚烯烃发泡制造工艺流程图

积水工艺采用垂直热风炉。可发泡片材首先在预热室内通过红外加热器预热至约150℃（302 ℉），同时由环形皮带支撑。然后，预热片在发泡室中膨胀至超过200℃（392 ℉）的温度，膨胀片在垂直方向上靠重力支撑。一种特殊的拉幅装置用于防止横向褶皱的发展[73]。积水工艺的优点是能够制造薄片材，以及立式烤箱固有的低能耗[72]。积水发泡炉的示意图如图6.14所示。

在东丽工艺中，发泡片材在熔盐表面漂浮时膨胀，并由红外灯从顶部加热。熔盐混合物由硝酸钾、硝酸钠和亚硝酸钠组成[70]。泡表面的盐残留物被热空气吹掉，并在水中剥离。东丽工艺适用于交联聚丙烯发泡片材和聚乙烯发泡片材的生产。事实上，东丽是第一家用聚丙烯发泡材料的公司[74]。东丽工艺的示意图如图6.15所示。

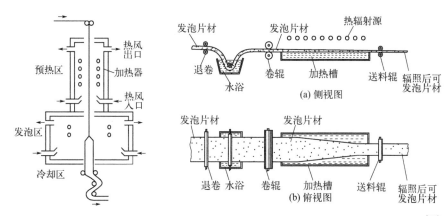

图6.14 聚烯烃积水发泡炉示意图　图6.15 生产聚烯烃发泡材料的东丽工艺示意图[69]

### 6.3.3 化学方法和辐射工艺的比较

这两种方法各有利弊，目前，它们在全球市场的份额大致相等。辐照装置的初始投资成本较高，但其生产效率远高于化学交联，具有产品质量均匀、原料选择灵活的附加优势。辐射交联聚烯烃的产物很薄，且有细密泡孔和光滑的白色表面。化学和辐射交联工艺的比较见表6.10[66,72]。

表6.10 生产聚烯烃发泡材料的辐射交联和化学交联工艺比较

| 比较项目 | 辐射交联 | 化学交联 |
| --- | --- | --- |
| 工艺控制 | 容易 | 困难 |
| 产出率 | 高 | 慢 |
| 装置 | 复杂 | 简单 |
| 成本 | 随产量下降 | 相对稳定 |
| 发泡剂的选择 | 容易 | 更困难 |
| 产品厚度/mm | 3～6 | 5～16 |
| 典型的发泡尺寸/mm | 0.2～0.4 | 0.5～0.8 |
| 交联程度/% | 30～40 | 60～70 |

### 6.3.4 聚烯烃发泡的应用

正确发泡的聚烯烃由规则的小闭孔组成。正因为如此，它们具有很高的隔热和隔声能力以及良好的减震能力，应用于中央供暖管道的绝缘、包装工业，以及保护头部、膝盖、胫骨和肘部的运动和休闲用品。在医疗保健行业，聚烯烃发泡材料被用作医疗器械的衬垫。

在汽车应用中，聚烯烃发泡材料用于仪表板和门板（图6.16）的安全和保护，特别是作为车内头部的缓冲。

图6.16　汽车应用中的交联PE闭孔材料（图片由A.J. Berejka提供）

# 6.4　热缩材料生产

聚烯烃，特别是聚乙烯，可以交联成一种加热后具有弹性的材料。聚烯烃的结构通常是长链缠结，包括结晶区和非晶区。在聚合物结晶熔点以上加热时，结晶区消失。

当聚合物交联时，形成三维网络。将交联材料加热到结晶熔点以上后，可以拉伸弹性网络。如果材料在低于其结晶熔点的拉伸状态下冷却，结晶区将发生改变，材料将保持变形。如果再加热到高于熔化温度，它就会缩回到原来的状态。这种现象被称为记忆效应，用于热缩管和包装。

### 6.4.1　热缩管

热缩管通常由聚烯烃、聚氯乙烯、聚氟乙烯、聚四氟乙烯、它们的混合物或与其他塑料和弹性体的混合物制成。配方可设计为耐化学性、耐热性、阻燃性等[75]。

从挤压管生产热缩管的方法有两种。其中一种方法是将被辐射交联并加热到结晶熔点以上温度的套管用定径工具扩胀，定径工具的直径决定了套管的扩胀量。然后将扩胀后的套管冷却至低于定径工具中结晶熔点的温度，从而"冻结"应变。该方法在瑞侃公司（Raychem）的原始专利中有描述（图6.17）。专利规定辐射剂量至少为$2 \times 10^6$rad（20kGy）[76]。目前的做法是用$1.0 \sim 2.0$MeV和$200 \sim 300$kGy剂量的电子束照射聚乙烯套管。使用的剂量不应过大，否则材料的抗老化性会较差[77]。

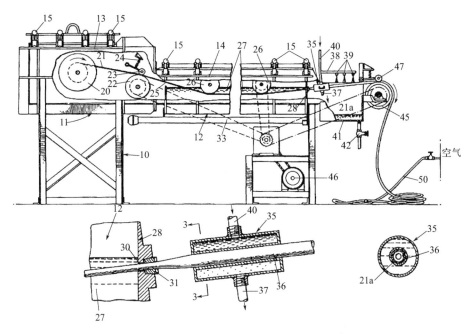

图6.17　Raychem的热缩管原始专利[76]

第二种方法是通过空气压力将在结晶熔点以上加热的套管在固定的成形管或模具中膨胀。在整个成形装置的长度上，套管被一个移动的胶带包围。胶带是由一种不黏附在冷却塑料上的材料制成的，因此当它从成型装置中露出时，可以很容易地从膨胀管中剥离出来。图6.18描述了替代专利工艺[78]。

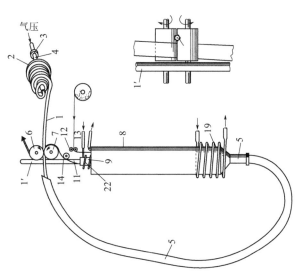

图6.18　生产热收缩管的替代专利方法[78]

交联热缩套管的塑性记忆效应如图6.19所示。图6.20描述了热缩聚乙烯套管的生产过程以及使用该套管包裹电线接头的情况。在步骤Ⅰ中，挤压和辐照套管以获得40%的凝胶率。在第Ⅱ步中，被辐照的套管被加热到140℃（285 ℉），并通过真空或压力将其膨胀到其原始直径的两倍左右，保持其长度恒定。第Ⅲ步和第Ⅳ步显示了将热缩套管套在两条电线的接头上。套管位于接头的中间，用热风枪加热到高于聚乙烯结晶熔点的温度，套管收缩，成为紧密包裹接头的形状[79]。

图6.19 交联热缩套管的塑性记忆效应
（图片由M.R. Cleland提供）

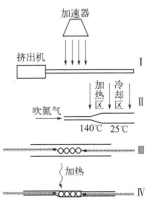

图6.20 电线接头用热缩套管的生产和应用示意图

通常通过使用的温度来选择薄壁（约0.25～1.0mm）套管，对于某些PVC套管，该温度为90℃（194 ℉），对于由PTFE制成的套管，该温度可达250℃（482 ℉）。薄热缩套管主要用于电气和电子领域。

管壁较厚（通常在2～4mm范围内）的套管主要由聚烯烃制成，用于包裹电信、有线电视和电力行业的接头。通常，这种套管与胶泥或热熔胶结合，有助于形成接头的保护屏障。当在天然气和石油管道的焊接接头上用作防腐套管时，厚壁套管的直径可高达7in（178mm）甚至12～24in（300～600mm）[75]。

### 6.4.2 热缩片材和薄膜

热缩片材（厚度为1～3mm）和薄膜（厚度为0.025～0.5mm）由许多与收缩管相同的材料制成[75]。它们被挤压成管状、片状或吹塑薄膜，然后被辐照。辐照后的定向（拉伸）可通过多种方法进行，即通过不同的加热和驱动辊（在机器方向）或拉伸机（宽度方向）进行，如图6.20所示。如果需要的话，双轴拉伸可以通过连续两个过程的组合来完成，或者通过专门为双轴拉伸设计的拉伸机来完成（图6.21）。

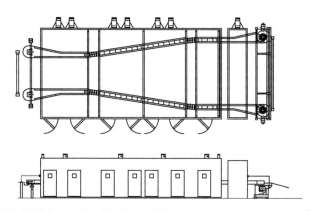

图6.21　片材和薄膜横向定位用拉伸机（图片由Marshall & Williams塑料公司提供）

热缩片与厚壁热缩管有许多相同的用途。与管材相比，薄片的优点在于它可以方便地包裹要保护的区域，例如，在连续安装的电缆上。有许多方法可以闭合热缩片，如拉链、导轨、导槽以及热封黏合，其中一些方法获得了专利[80-83]。

热缩薄膜在食品包装中有着广泛的应用。EB辐照生产热缩薄膜最初是由W.R. Grace等在20世纪50年代后期开发完成的，且仍用于生产具有更高阻隔性能[83-86]和极高撕裂强度[87]的更复杂的多层层压膜，或生产多层低收缩力薄膜用于包装易变形物品[88]。目前用于PE薄膜的辐照剂量为200～300kGy，电子能量范围为0.5～1.0MeV[76]。图6.22显示了Cryovac热缩膜的原始专利，图6.23显示了正在运行的10台用于大批量生产热缩薄膜的电子束生产线。

## 6.5　交联聚乙烯管

交联聚乙烯（PEX）管在过去几年中被用作铜管和钢管的替代品，主要用于供水管和供暖管。与金属管相比，PEX管的主要优点是重量轻、耐腐蚀和不结垢。几乎所有的PEX管都是由高密度聚乙烯制成的。

生产PEX管有三种主要方法[89]：

① 恩格尔法（Engel）或过氧化物法　本法采用柱塞挤出机（具有柱塞

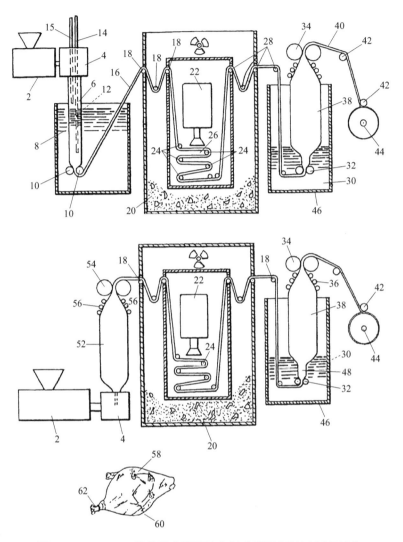

图6.22　Cryovac热收缩薄膜原始专利（美国专利3022543）

图6.23　用于生产热缩膜的10台电子束装置生产线

作用）。在挤出机中，将过氧化物添加到基础树脂中，通过压力和高温的组合，基础树脂发生交联。

② 制备PEX的硅烷方法　包括在PE主链上接枝反应性硅烷。该管是通过将接枝化合物与催化剂混合而成的，可以使用两步法（Sioplas）或使用一种特殊的挤出机一步法（Monosil）来完成。挤压后，管道暴露在蒸汽或热水中，以引起最终的交联反应。

③ 电子束交联　该方法是用高能辐射引发聚乙烯交联。该产品像普通的高密度聚乙烯一样被挤出，然后被送到电子束装置中，在电子束加速器下排布传送。在那里，它会受到一定剂量的辐射，以达到所需的交联程度。

在欧洲标准中，这三种方法分别称为PEX-A、PEX-B和PEX-C，与任何类型的评级系统均无关。所有所得的PEX管产品均具有类似的性能，并通过ASTM、NSF、CSA、ISO、DIN和其他经过测试和认证的标准进行了性能评估。例如，德国DIN 16892标准为PEX材料设置了最小交联度[90]，见表6.11。

表6.11　德国DIN 16892标准为PEX材料设置的最小交联度

| 材料 | 交联法 | 交联度/% |
| --- | --- | --- |
| PEX-A | 过氧化 | ≥70 |
| PEX-B | 硅烷 | ≥65 |
| PEX-C | 辐照 | ≥60 |

HDPE管和管材的交联具有几个重要优点：

· 耐热性提高；
· 改善了抗环境应力开裂性；
· 提高了高温下的耐压力（应力）断裂性；
· 提高了耐化学性和溶胀性；
· 提高了高温下的长期强度；
· 更高的灵活性。

### 6.5.1　聚乙烯管的辐照

聚乙烯（PE）管的辐照可以用电子束或γ射线进行，后一种方法更适用于直径较大的管道，因为电子束无法提供足够的穿透力。电子束辐照管有两种方法：静态法和动态法。静态法包括管的双面照射，动态法是管在传送带上旋转地接受电子束照射[45]。HDPE管电子束交联的典型条件见表6.12，单面和双面辐照的比较见表6.13。表6.14[90]给出了PE管电子束辐照的性能数据示例。

表6.12 HDPE管的电子束交联典型条件

| 束特性和性能 | 不同电子束能量下的数据 | | | |
| --- | --- | --- | --- | --- |
| | 1.5meV | 2.0meV | 2.5meV | 3meV |
| 束流/mA | 50 | 75～100 | 50 | 50 |
| 束功率/kW | 75 | 150～200 | | |
| 最大管径/in（mm） | 0.75（19） | 0.75（19） | 1.0（25） | 1.0（25） |
| 线速度/（m/min）（ft/min） | 220（67） | 330（100） | 220（67） | 220（67） |

表6.13 HDPE管单面和双面辐照对比

| 套管尺寸/（mm×mm）（in×in） | 所需电子能量[①]/MeV | |
| --- | --- | --- |
| | 单侧照射 | 两侧照射 |
| 14×1.5（0.55×0.060） | 2.5 | 1.44 |
| 16×2（0.63×0.080） | 3.05 | 1.27 |
| 17×2（0.67×0.080） | 3.16 | 1.31 |
| 18×2（0.71×0.080） | 3.26 | 1.36 |
| 20×2（0.79×0.080） | 3.46 | 1.44 |

① 入口和出口剂量相等。

表6.14 PE管辐照性能数据

| 电子束能量/MeV | 1.5 | 2 | 2.5 | 3 |
| --- | --- | --- | --- | --- |
| 束流/mA | 50 | 75～100 | 50 | 50 |
| 束功率/kW | 75 | 150～200 | 125 | 150 |
| 适用管径范围/in（mm） | 3/4（19） | 3/4（19） | 1（25） | 1（25） |
| 交联速度/（m/min） | 55 | 80 | 55 | 55 |

电子束辐照方法的优点如下:

· 高效、高通量;

· 节约制造成本;

· 易于操作和维护;

· 具有根据需要启动和停止流程的可能性;

· 高可靠性;

· 统一质量;

· 运行期间自动生成报告;

· 生态友好,材料中没有析出的化学物质。

PEX 主要用于供水管和供暖管。平常管道应用中的温度和压力分别高达 95 ℃(203 ℉)和 10bar(MPa)[89,90]。对于 PEX 管的应用,建议的最高温度和压力为 82 ℃(180 ℉)和 7bar(0.7MPa)[89]。典型应用包括热水供应、空间供暖系统、服务管线、循环辐射供暖和冷却系统、融雪应用、室外草坪温度调节、住宅消防喷淋系统、溜冰场系统和冷藏仓库下方的永冻层保护。

## 6.6 涂料、胶黏剂和印刷油墨

这些应用的主要过程是液体直接转化为固体。当使用紫外线或电子束照射时,这种转换几乎是瞬间发生的。在某些特定区域,电子束(EB)照射比紫外(UV)线照射更适合,通常这些应用包括涂覆厚涂层或胶黏剂。其他的例子是含有大量无机颜料和/或填料的涂料,由于不透明,通常不能被紫外线辐射固化。正如前面指出的,标准电子束固化装置的投资成本比 UV 固化生产线要高得多。然而,发展的趋势是制造运行在更低电压下的小型电子束处理器(见 3.2.1)。这类机器相当便宜,因此在越来越多的应用中对 UV 固化装置构成了的强大竞争。电子束固化生产线以更高的速度运行,如果用于连续的长时间运行,则具有优势。在这一节中,主要讨论特定的应用电子束固化过程或 EB 和 UV 可能的组合。电子束固化的另一个重要优点是,在此过程中使用的油墨不含任何可能有毒的物质,如光引发剂。

### 6.6.1 磁性介质

磁介质在电子工业中占有重要的地位,如用于音频和视频的磁带、各种类型的磁卡、计算机磁盘等。诸如 $\gamma$-氧化铁、含 $Cr^{2+}$ 的三氧化二铁、氧化铬和铁钴合金等磁性颗粒分散在胶黏剂溶液中[91]。胶黏剂包括聚氨酯、氯乙烯/醋酸乙烯共聚物、氯乙烯/醋酸乙烯/乙烯醇共聚物和聚丙烯酸酯硝化纤维，尤其重要的是聚氨酯与其他聚合物的混合物[92]。用于磁带和其他形式磁性介质的基板是聚乙烯、聚对二苯甲酸乙二醇酯（PET）和其他成膜聚合物，其中PET是目前应用最广泛的[93]。

电子束非常适合大多数磁性介质的生产，如高密度软盘和磁带的生产。在这个过程中，基板被一层含有大量磁性粒子的涂层所覆盖。未固化的涂层首先通过磁场感应粒子，然后通过电子束处理器。磁性粒子的高负载排除了紫外线固化的使用。电子束有几个优点：高反应速率实际上消除了与热固化密切相关的表面污染；涂料中所用胶黏剂的高度交联使其表面更加坚韧和耐磨。

## 6.6.2 涂层

一些出售的电子束装置主要用于脱模（隔离）涂层。新化学物质已经商业化，但是需要进一步的发展来满足这个市场领域[92]。

电子束装置被广泛使用的另一种工艺是上光清漆（OPV）的固化。将OPV应用于印刷表面以保护油墨层并改善产品外观[92]。这种表面涂层和清漆异常高的光泽度是专门通过EB固化实现的[93,94]。

电子束固化在保护性和装饰性涂料中的典型应用包括[94,95]：

·木质饰面（门、家具的前面板、层压板和清漆饰面、搁板、橱柜、预涂地板、椅子、桌子、吉他、扫帚手柄、画框、装饰线条）；

·纸涂料和面漆（用于木质装饰的纸层压板，礼品包装的高光纸，书籍、杂志、小册子封面，谷类食品、休闲食品和冷冻食品包装盒，液体容器，标签，金属纸上的漆）；

·用于纹理铸造纸、辊筒或薄台板、胶带、热熔胶黏剂和薄膜、刨花板压力机用分离纸的脱模涂层[96]；

·薄膜涂层（防静电涂层、电话卡和其他卡上的防裂纹涂层）；

·研磨砂纸黏合。

硬质基材上的涂层，主要是木材（门、家具、层压板），通常相当厚（高达 $200 \ g/cm^2$），因此需要相对高能的电子束。然而，生产率主要取决于其他操作，如进料、出料和抛光；因此，低到中等的电子束功率就足够了。门板面漆的固化如图6.24所示。

柔性基底上的涂层相当薄，通常在 1 ～ 30g/cm² 范围内，但生产率很高（100 ～ 300m/min），因此需要低能电子和中高功率电子束[95]。

缠绕或卷筒涂层的电子束固化示例如图6.25所示，混合紫外线/电子束工艺的固化线示例如图6.26所示。

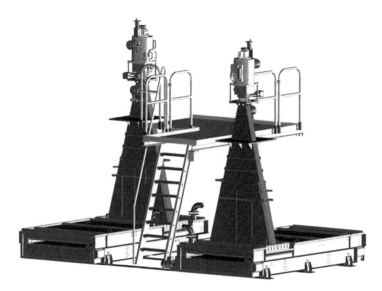

图6.24　门板面漆的固化（图片由Elektron Crosslinking公司提供）

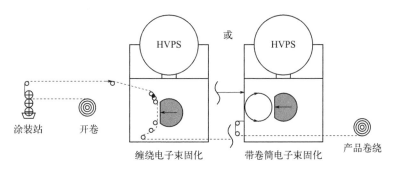

图6.25　缠绕或卷筒涂层电子束固化示意图（HVPS为高压电源电子束单元中的箭头指示电子束的方向，图片由能源科学公司提供）

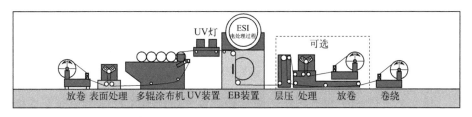

图6.26　混合UV/EB固化工艺的涂装线示意图

### 6.6.3 印刷和图案工艺

印刷的目的是创造一个明显可识别的图案，使大量的图案保持一致。原则上，这可以用一个印版来完成，各种印刷方法都是根据印版的性质来命名的。为此开发了许多技术，柔性版印刷、平版印刷和凹版印刷是主要的印刷技术，占印刷应用的绝大多数。每种方法都有许多不同之处。图案工艺是全世界公认的辐射固化应用之一。从本质上讲，图案工艺包括将图案复制到印刷板、丝网等上，以及使用辐射固化油墨和上光清漆。许多成像过程依赖于材料暴露于辐射下，以引起在溶剂系统（有机或水性）中的溶解度发生变化，从而可以区分曝光和未曝光的区域。曝光区域和未曝光区域之间的差异可能导致选择性分层、软化、黏性（可能影响墨粉的附着力）或折射率变化，进而产生全息效果。

#### 6.6.3.1 柔性版印刷

柔性版印刷是一种机械印刷工艺，它使用液体油墨和由橡胶或更常见的光聚合物和压力制成的相当柔软的浮雕图案印刷板来创建图案。已完成的印版用胶黏剂安装在一个金属圆筒上，该圆筒在印刷过程中逆着基板旋转。典型的柔印如图6.27所示。内腔式墨刀喷墨器将墨水施加于雕刻转印或网纹辊上，网纹辊上的雕刻可以根据雕刻的几何图形和深度测量正确的墨水量。油墨被转移到附在印版辊筒上的印版凸面上。基板通过印版辊筒和印模辊筒之间实现油墨转移。

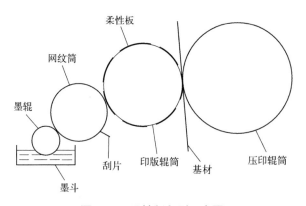

**图6.27　柔性版印刷示意图**

该工艺主要用于包装印刷。除瓦楞纸板外，所有柔性印刷包装基板均为卷筒纸。与其他主要的机械印刷技术（即平版印刷、凹版印刷和凸版印刷）不同，柔性版印刷正处于快速发展和变化的阶段。柔性版印刷是目前主要的包装印刷工艺，即使在数码印刷技术的推动下，这种地位在未来几年内也不太可能改变。

在柔性版印刷中使用辐射固化的最大优点是它的多功能性和成本效益。由于油墨在通过电子束之前不会干燥，所以油墨保持完全开放状态。印版上因油墨干燥而造成的不美观的印刷缺陷，如网眼桥接等，几乎全部消除。总之，与传统技术相比，辐射固化柔性版印刷的主要优点是：

- ·提高印刷专色的重复性；
- ·高清工艺印刷，更好的点结构，更低的点补偿；
- ·高效的作业设置时间。

### 6.6.3.2 凹版印刷

凹版印刷通过在空心金属圆筒表面上化学蚀刻或机械切割的雕刻图案将印刷区与非印刷区分开。凹版辊筒由镀铜钢制成。印刷图案可以用照相的方法施加在圆筒表面并用化学方法蚀刻，也可以用激光笔雕刻。

通常的凹版印刷是通过辊筒和卷筒纸进行的。凹版印刷辊筒的整个表面都充满了低黏度墨水，然后用直边的刮刀擦拭干净，墨水残留在凹进的单元图案内。将要印刷的基材夹在压印辊和凹版辊筒之间，墨水便会沉积在基材上。凹版印刷可用于大批量应用，例如标签、纸箱、纸箱包装和软包装材料。凹版印刷的示意图如图6.28所示。

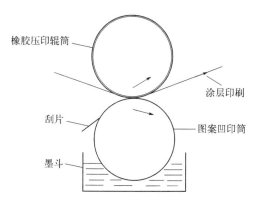

图6.28 凹版印刷示意图

除了印刷和装饰外，柔版印刷、凹版印刷、平版印刷以及丝网印刷还用于化学抗蚀剂，广泛用于印刷电路板的生产中。抗蚀剂是一种能抵抗溶剂侵蚀的材料。负性抗蚀剂在曝光后会发生交联，因此在可溶解未辐照材料的溶剂系统中变得不易溶解。正性抗蚀剂是由于解聚而在辐照后变得更易溶的材料。

典型的平版印刷如图6.29所示。

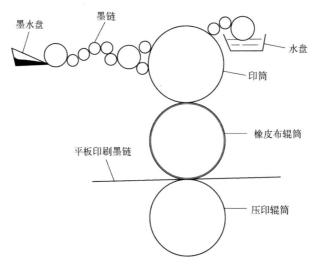

墨水盘　墨链　水盘　印筒　橡皮布辊筒　平板印刷墨链　压印辊筒

图6.29　平版印刷示意图（由柔印技术协会基金会提供）

随着成本更低、结构更紧凑的电子束处理器的出现，越来越多的印刷品/转印机正在探索将电子束固化工艺用作传统油墨/涂料干燥替代品的可能性[77]。

目前，文献[94,96]中报道了以下电子束固化在印刷和图案工艺中的应用：

·高光泽化妆品和香烟包装；

·贺卡；

·无菌包装；

·唱片套；

·邮票；

·钞票。

在某些情况下，使用一种混合系统（UV和电子束固化的组合）来确保涂层和/或基材之间有足够程度的交联。这种混合系统的额外优势是可以控制光泽度和表面光洁度。

最常见的电子束装置安装在用于生产可折叠纸盒的轮转胶印机的末端（图6.30）。柯式（平版）印刷使用的是糊状油墨，这种油墨被设计成"湿截

图6.30　轮转胶印机上的低压电子束装置（由PCT Engineering Systems
　　　　公司提供）

留型"，不需要任何中间干燥，这样就可以在压力机末端放置一个电子束装置[97]。紧凑型低压电子束装置的发展使其能够用于固化软包装、聚酯、聚丙烯薄膜和标签上的油墨[97-101]。该低压永久性真空模块装置具有用于工位间电子束固化的潜力[102]。

### 6.6.4　胶黏剂

胶黏剂是一种用于粘接其他材料的非金属物质，主要通过黏附和内聚作用粘接其他材料。对于大多数情况下具有黏聚现象的胶黏剂而言，胶黏剂流体在黏结成固体后便会发生性质转变，这是层压胶黏剂的典型原理（6.6.4.2）。在另一种情况下，即使在已经发生黏结之后，胶黏剂仍保持其流体状态，因此，在大多数情况下，其剥离强度适中，接头可以在不破坏层压构件的情况下脱层，这是压敏胶的特性（6.6.4.1）。还有其他胶黏剂材料和技术，涉及聚合物、其溶液或分散液、低聚物和单体。在广泛的聚合物胶黏剂领域，电子束固化主要用于压敏胶和层压胶[103]。

#### 6.6.4.1　压敏胶

压敏胶（PSA）与其他类型胶黏剂的主要区别在于，它具有永久性和可控的黏性，这种黏性是胶黏剂被压在基材上时立即黏附的原因。黏附后，压敏胶具有黏性、可剥离性和剪切特性，这些特性在一定范围内可重复。

这要求胶黏剂层仅轻微交联[103]。PSA是基于低$T_g$（玻璃化转变温度）的聚合物，$T_g$通常在−74 ～ +13℃之间[104]。

由于电子束工艺对交联度的精确控制，它非常适合于PSA的生产。电子束设计的最新发展，特别是较低的电压和材料的发展，使电子束固化PSA变得经济、可行[105-107]。

PSA使用的典型电子束剂量为15 ～ 20 kGy[108]。电子束固化PSA的优点是：

· 高运行速度可达900m/min（3000 ft/min）；
· 可使用热敏薄膜；
· 可实现高涂层重量；
· 无需烘干炉；
· 可进行双面直涂。

一般而言，PSA的电子束固化为制造商提供以下好处：

· 可以使用多种基体开发新产品；
· 由于可以使用更高的速度和通常更宽的网，生产力大大提高；
· EB用户遵守环境法规，因为系统使用无溶剂胶黏剂、油墨和涂料。

电子束固化PSA的缺点是：装置的初始投资成本和能够处理给定产品长期运行的必要性；在某些情况下，预聚物/稀释剂混合物具有高黏性，因此需要使用平滑剂[109]；另一个问题是使用的一些单体具有毒性[110]。

### 6.6.4.2 层压胶

层压胶用于将不同的材料层粘接在一起，这些材料有许多可能的组合，包括不同的聚合物、单体、增黏剂、胶黏纸、箔、薄膜、金属和玻璃等。各层之间的粘接必须足够牢固，以将层压板固定在一起。这是通过在熔融状态下（热熔）或在溶剂或水分散液中涂抹胶黏剂并形成粘接作用来实现的。胶黏剂可以通过冷却熔体或蒸发溶剂或水来形成。在许多情况下，粘接作用是通过交联来提高的。交联可以通过使用反应性胶黏剂来实现，该胶黏剂由两个在混合时发生反应的组分（例如聚氨酯或环氧树脂）组成，或者通过辐射来实现。

交联增加了胶黏剂的内聚强度，并因此提高了粘接强度。使用的许多层压材料是透光的，并且这些材料很容易被紫外线或可见光固化。然而，如果层压材料不能透过紫外线和可见光，则它们可能被电子束交联，因为高能电子可以穿透纸张、箔和织物。薄膜或薄膜覆盖层的层压板可通过低能电子束进行处理。为了实现较厚基板之间的粘接，可以使用更高的能量甚至X射线辐射。膨胀系数差距较大的材料可以用电子束固化胶黏剂粘接，且不产生使用热固化时的界面应力。

电子束固化技术已广泛应用于柔性包装中的复合胶固化，自低电压紧凑型电子束处理器问世以来，该技术的应用迅速发展。电子束固化层压胶黏剂的优点如下[111,112]：

· 使用的胶黏剂不需要溶剂；

· 胶黏剂只包含一种化学成分（无需混合）；

· 保质期长（超过6个月）；

· 胶黏剂在固化前保持不变；

· 不需要多辊涂层；

· 不需要复杂的张力控制；

· 几乎立即形成粘接；

· 实时质量控制；

· 在线处理，可立即发货；

· 易于清理。

电子束与紫外线固化层压胶黏剂相比，优点如下[112]：

· 可穿透不透明膜；

· 通常产生较高的转化率；

· 大多数电子束体系无需光引发剂即可固化（配方更简单、成本更低、残留更少、可萃取）。

一种基于聚氨酯化学和电子束固化相结合的无溶剂双固化层压胶被开发出来，与单独使用这两种方法制备的层压胶相比，其性能得到了改善[113]。

## 6.7 氟添加剂的生产

氟添加剂，或聚四氟乙烯微粉，是一种精细的低分子量聚四氟乙烯粉末。一般来说，它们由几个微米级的小颗粒组成，通过几种方法产生，即热降解、电离辐射和可控聚合。降解中的原料通常是烧结或未烧结的聚四氟乙烯废料、模塑粉、生产废料或消费后的聚四氟乙烯制品。降解对聚四氟乙烯树脂性能的影响如表6.15所示。

表6.15 降解对聚四氟乙烯树脂性能的影响

| 树脂 | 典型的分子量 | 典型熔体黏度/（Pa·s） |
|---|---|---|
| 成型树脂 | $10^6$ | $10^{10}$ |
| 氟添加剂（降解树脂） | $10^4 \sim 10^5$ | $10 \sim 10^4$ |

生产含氟添加剂最经济的方法是在电子束源下对树脂和/或废料进行连续辐照[114]。加工后的材料以特定的层厚分布在传送带上，并暴露在所需的剂量下。通常，充分降解的剂量为500kGy或更大。多次传递的好处是使材料冷却，可以防止材料粘在一起，在下一步中造成问题。材料在辐照过程中会升温，因此温度保持在121℃，这足以防止黏结[111]。此过程的典型电子束能量为2.0MeV。聚四氟乙烯树脂的降解会产生废气，如氢氟酸，必须通过加工区通风去除这些废气[111]。

降解过程中，分子量随吸收剂量的增加而迅速减少。此过程中使用的典型剂量范围为10 ～ 25Mrad（100 ～ 250kGy）[115]。当辐照的树脂接收到足够的剂量时，将其研磨至所需的粒径。最广泛的研磨方法是使用流体能量磨机，常称为喷射式磨机，其中使用高压空气射流作为动力[116]。旋转喷射系统的示例如图6.31所示。

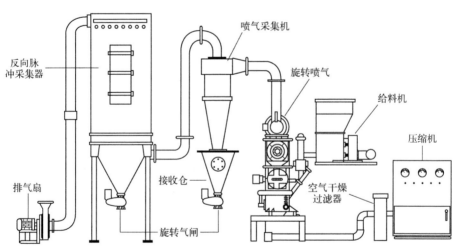

图6.31 用于研磨辐照氟聚合物的旋转喷射系统
（由Fluid Energy Processing and Equipment公司提供）

研磨后微粉的表观密度为400g/L，熔点为321 ～ 327℃[111]，比表面积为 5 ~ 10m²/g，平均粒径为 3 ~ 12μm。

聚四氟乙烯微粉用作润滑剂（油和润滑脂）、塑料和弹性体的添加剂，以减少摩擦和改善挤出性能；用作印刷油墨的添加剂，以减少阻塞和提高耐磨性；用作涂层的添加剂，以减少磨损和摩擦，并增加防水和拒油性能。

## 6.8 聚合物复合材料的辐射固化

### 6.8.1 先进纤维增强复合材料

纤维增强复合材料或先进复合材料是高强度和低重量相结合的材料。聚合物复合材料由热固性或热塑性基体和增强纤维组成。基体的主要功能是充当纤维的胶黏剂，将力从一种纤维传递到另一种纤维，并保护它们免受环境影响和搬运影响。增强纤维可以是连续的或不连续的（短纤维），并且可以在基体内以不同的角度定向。短纤维通常随机分布在基体中，尽管一些复合材料可能含有定向短纤维。

复合材料的性能特征取决于增强纤维的类型（强度和硬度）、长度、纤维在基体中的体积分数以及纤维-基体界面的强度。空隙的存在和基体的性质是附加的次要因素。

大多数市售聚合物复合材料由玻璃纤维、碳纤维、芳纶纤维（如芳纶）增强，少量由硼纤维增强。在某些情况下，会制成包含纤维组合的混合复合材料。

商用复合材料的基体材料主要是液体热固性树脂，如聚酯、乙烯基酯、环氧树脂和双马来酰亚胺树脂。热塑性复合材料包括聚酰胺、聚醚醚酮（PEEK）、聚苯硫醚（PPS）、聚砜、聚醚酰亚胺（PEI）和聚酰胺酰亚胺（PAI），主要用作熔体。

热固性复合材料在室温或高温下固化，通过聚合和/或交联获得硬质固体，辐射交联的使用大大缩短了固化时间。电子束在很多情况下都得到了成功的应用，例如，由电子束固化的玻璃纤维增强复合材料已用于生产覆层面板[117]。

通过电子束加工，已经可以生产出具有与传统热方法生产的材料相匹配的良好力学性能的材料，并且有望实现更多应用[118,119]。石墨纤维增强复合材料具有低应力和固化后收缩小的特点，其性能可与最先进的增韧环氧树脂相媲美[120-122]。已经开发出使用低能EB的纤维缠绕复合材料的逐层EB固化工艺，该工艺在航空航天技术中具有广泛的应用[123,124]。文献[45,124-126]描述了制备成功产品的不同固化方法。

Berejka[127]的文章介绍了电子束技术、材料技术和产品成型技术在结构碳纤维增强聚合物复合材料中的应用现状。

为了开发利用电子束技术制造和修复先进复合材料的方法，人们做了大量的工作。电子束固化纤维增强复合材料具有许多优点，包括在环境温度或低于室温的温度下固化产生的残余应力较低、单个部件固化时间较短、改进的材料处理方式（树脂具有无限的保质期），以及纤维增强材料在放置过程中可能实现的自动化。电子束的缺点是不能用在树脂传递模塑（RTM）工艺上，因为电子束不能穿透用于模塑复合材料零件的大量模具[128]。到目前为止，主要使用的是电子束固化的阳离子引发环氧树脂。尽管大多数开发工作都是针对航空航天的，但这项技术也适用于其他行业，包括汽车和消费品。

还开发出了用于铝与铝、石墨与铝、石墨与石墨的紫外光固化胶黏剂。

到目前为止，已经有许多零件是采用电子束技术生产的，例如，上下机翼组件、液氢罐、导弹壳体（图6.32）、复合装甲车、船体、汽车车身零件。

图6.32　电子束辐照导弹壳体复合材料

（由A.J. Berejka提供）

另一个可行的应用是在飞机复合材料零件修复中使用电子束固化。已确定大多数此类维修的时间是常规热维修时间的50% ～ 70%[128]。

马库奇（Makuuchi）和陈（Cheng）文章总结的利用电离辐射固化先进复合材料（主要是通过电子束或X射线固化）的优点如下[45]：

① 低能耗：电子束固化仅使用热固化所用能量的10%。

② 更短的固化时间可转化为更高的处理速率：例如，200kW和10MeV的新式电子束加速器可提供2000 ～ 3000kg/h的生产量（假设机器的可用性为95%，束流能量的利用率为35% ～ 45%）。

③ 室温固化：由于温差小得多，复合材料微观结构的内应力远小于热固化。

④ 生产大型产品的可能性：非常大的产品在高压釜中加热固化时，可能非常昂贵，使用电子束可以以更低的成本进行固化。电子束可以转换成X射线以克服穿透的限制。

⑤ 简化的模具：较简单的模具可用于室温固化，且可采用对温度敏感的成本更低的材料。

⑥ 改进的材料处理方式：室温固化减少了储存未固化树脂的特殊预防措施（如制冷）。不同的材料，可以在一个单一的固化周期内进行共固化。也有可能减少处理的步骤。

⑦ 更好的过程控制：在辐射固化过程中，固化程度和位置可以精确控制。

⑧ 减少挥发性有机化合物（VOC）排放：据估计，通过辐射固化，VOC排放可减少高达90%。

⑨ 降低成本的可能性：虽然电子束装置的初始资本投资较高，但由于较高的生产量、较低的能耗、较低的VOC排放量、固化成本降低以及处理步骤减少，使整体固化成本可能降低。

## 6.8.2  其他复合材料

高分子复合材料可由天然纤维，如亚麻、黄麻、香蕉、红麻、菠萝叶和油棕空果束纤维等增强[45]。使用它们的优点是它们是可再生的、或多或少是可生物降解的、丰富的、廉价的，且具有低密度、相对高强度、易分离、不会像玻璃纤维那样造成工艺装置过度磨损等特点。天然纤维通常是极性和亲水性的，如果与非极性和憎水性基体结合使用，可能会出现使用问题。这种降低的相容性需要添加添加剂，以增加基体和纤维表面的附着力。

以菠萝叶纤维增强聚苯乙烯为基础复合材料，采用丙烯酸酯类聚合物对其进行电子束固化实验，得到了力学性能良好的复合材料[129]。同样，以聚己内酯为基础的复合材料（一种以油棕榈空果束纤维增强的可生物降解基体），用聚乙烯醇聚吡咯烷酮为增黏助剂，通过电子束固化，显示出良好的力学性能和基体与增强纤维之间的结合力[130]。

木塑复合材料（WPC）代表了一种可利用的材料。这种组合大大减少了木材的缺点：缺乏基于其水分含量的尺寸稳定性、可燃性、较差的耐化学性、天气条件的影响、易受生物攻击和磨损。WPC可以通过化学固化或电离辐射来生产。辐射固化的优点是不使用化学引发剂，并且可以在相当低的温度下进行。该工艺自20世纪70年代以来就开始在北美使用，如使用多种单体（例如，甲基丙烯酸甲酯、苯乙烯、醋酸乙烯酯）[131,132]和/或木材和聚丙烯（PP）的组合[133]。20世纪80年代，陶氏化学公司开发并申请了生产WPC的工艺专利，方法是用液体双环戊丙烯酸或甲基丙烯酸酯浸渍木材基体，并用电离辐射固化浸渍的木材，或在催化引发剂存在下加热浸渍过的木材[134]。之后，人们开发了一种工艺，将木粉和添加丙烯酸酯单体的LDPE混合物一起挤压，然后在80 kGy下用EB辐照[135]。

木纤维增强塑料（WFRP）是将木纤维或其他纤维素纤维作为增强纤维或填料分散在塑料基体中的复合材料。在这种情况下，必须在木材或纤维素纤维之间使用特殊的辐射反应性黏合助剂，以在聚合物基体和纤维之间实现足够强的黏合。用于这种黏合的添加剂包括用于木质纤维增强聚烯烃的马来酸酐改性聚丙烯和用于纤维增强热固性塑料的化学偶联剂，例如烷氧基硅烷、硅丙烯酸酯和聚亚甲基聚亚苯基氰酸酯[132]。可通过相互辐射或仅通过纤维预辐射对木材纤维进行加工来生产增强复合材料[132]。

层压WPC基本上都是塑料涂层或层压纸制品，经常由辐射技术来生产。长期以来，工业规模的电子束固化人造板使用能量范围为150～300keV的电子束加速器制造。层压板中电子束固化涂层的主要成分是多功能反应性低聚物，其主链或链末端具有不饱和双键。例如环氧丙烯酸酯或不饱和脂酸酯[132]。尺寸为3.2m×1.5m（10.5ft×5ft）和6～16mm（0.25～0.63in）厚的板材的典型工艺条件为：速度为5～15m/min，剂量率为100 ～ 300kGy/s，吸收剂量范围为50 ～ 75kGy[132]。

## 6.9 水凝胶

水凝胶是由亲水性均聚物、共聚物或大分子单体（预成型高分子链）交联形成的三维网络，为溶性聚合物基质，通常用于高于其玻璃化转变温度的场合。由于其与水的热力学相容性，因此水凝胶通常是软的和有弹性的，并且应用于许多领域[136]。用于制备水凝胶的合成单体包括乙二醇、乙烯醇和聚丙烯酸酯，例如羟甲基丙烯酸羟乙酯（HEMA）、N-异丙基丙烯酰胺（NIPAM）和NVP[137]。这些单体可以制成基质聚合物，并以共混物、共聚物和互穿网络（IPN）的形式组合[138]。

水凝胶能够吸收大量的水，其可逆膨胀和去膨胀性能的程度取决于分子间和分子内交联的性质以及聚合物网络中产生的氢键多少。这些水凝胶正被越来越多地用在药物缓释、生物传感器、组织工程和pH传感器等领域。迄今为止，各种化合物已被用于合成水凝胶。上述合成单体可与天然聚合物，例如琼脂和海藻酸钠[132]结合。

在该制备过程中所用基本单体的结构、辐射技术等都非常适合水凝胶生产。这类成熟技术的应用实例有：水凝胶伤口敷料[139]、隐形眼镜（硅水凝胶、聚丙烯酰胺水凝胶）、一次性尿布和类似的高吸水性产品。

最广泛使用的水凝胶是基于以相对较低浓度溶解在水中（通常为4% ～ 5%）的聚氧化乙烯（PEO）。形成凝胶需要适度的辐射剂量（小于10kGy）。厚度达2mm（80mil）的凝胶正在生产中。

其他应用领域包括：基于水凝胶的抗癌药物局部给药系统、活细胞封装系统、合成椎间盘植入用高分子材料的新方法、温敏膜、用于放射治疗的三维放射剂量学水凝胶体膜、抗降解纳米凝胶和生物医学用微凝胶（例如，滑液替代品）、基于水凝胶的饮食产品等[139]。

文献[140]报道的另一个应用是将聚乙烯醇（PVA）和羧甲基纤维素（CMC）的混合物通过冷冻、解冻和EB辐照制备水凝胶。一种80/20（质量比）的CMC/PVA混合物被用作农业用土壤的高吸水剂，含有这种水凝胶的土壤的持水量增加。因此，这种水凝胶可以用来增加沙漠地区的保水性。

另一些水凝胶由聚（α-羟基酸）制备，例如乳酸、聚丙烯酸、丙烯酰胺和丙烯酸化聚乙烯醇[141]及聚乙二醇。

## 6.10 医疗器械灭菌

医疗器械的灭菌是一项行之有效的过程，其目的是减少生物负载（通常是指生活在物品表面上的细菌数量）。在商业灭菌中，要求的无菌保证水平（SAL）为 $10^{-6}$。这意味着任何生物负载在被消毒物品上的可能性必须小于百万分之一。通常，所有类型的电离辐射都可以用于医疗器械的灭菌，而选择何种辐射源则取决于要灭菌物品的尺寸和体积。电离辐射灭菌涉及的问题包括：① 医疗器械制造过程中使用的材料；② 医疗器械在制造过程中何时进行辐射灭菌；③ 医疗器械达到所需的无菌保证水平所需的剂量或程度[142]。电子束被广泛用于各种医疗器械灭菌，如注射器、导尿管、排水管、管道、尿袋、绷带、吸收剂、手套、手术服和窗帘、毛巾、培养管和培养皿等的灭菌[143]。

电离辐射不仅杀死了微生物，而且还影响了器械所用材料的性能。例如，在某些产品中经常被用来代替玻璃的聚氯乙烯照射后会变色，或者使用的增塑剂会渗入血液和其他体液，材料最终可能会变得僵硬甚至易碎。在这种情况下，替代材料，例如含有光学透明的茂金属催化的 PE 或 PP 的 PE 共混物以及由此衍生的层压材料[144]。硬质透明医疗器械可以由耐辐射的多环材料（如聚苯乙烯、聚碳酸酯和聚对苯二甲酸乙二醇酯或 PBT）制成[143]。

从 20 世纪 50 年代开始，电子束装置就被用于辐射灭菌。高能加速器（10MeV）用于包装医疗器械的灭菌已经有几十年了，一些中能加速器（3.0～5.0MeV），使用 MDS Nordion 开发的专利工艺，用准直的 X 射线照射货盘上的包装产品，用于低体积密度包装医疗器械的灭菌。

## 6.11 其他应用

其他已被证明的行之有效的电子束加工应用，通常受到特定市场的规模限制，或者商业上的可接受性仍在开发中。

### 6.11.1 电池隔膜

通过电子束表面接枝丙烯酸，使聚乙烯薄膜交联达到极高的交联密度，制备出可控制小型锂电池或其他离子电池正负极间离子流的薄膜[145-147]。这些电池隔膜的使用寿命明显比其他方法生产的隔膜要长得多[148]。

### 6.11.2  过滤膜

用电离辐射表面接枝法对滤膜的亲水性和疏水性进行改性。为此，微孔聚偏氟乙烯（PVDF）膜被用于接枝单体，这些单体是根据预期的最终产品用途选择的[149]。

### 6.11.3  人工关节

人工髋关节和膝关节由辐射交联的超高分子聚乙烯制成。正常的髋关节单元由杆、球（股骨头）、插入件和杯（壳）组成。膝关节由胫骨组件、胫骨插入件和股骨组件组成，插入件由交联的超高分子聚乙烯制成[45]。用于整形外科的超高分子聚乙烯树脂的分子量在 $2 \times 10^6 \sim 6 \times 10^6$ 之间，聚合度在 71000 ~ 214000 之间。关节置换组件的原料是由粉末通过冲压挤压或压缩成型制成的[147]。当用于关节置换时，原始树脂表现出较低的耐磨性和长期的氧化损伤。辐射交联大大提高了耐磨性。剂量高于200kGy可获得足够的增强效果。辐照后的老化会改变聚合物的力学性能[147]，这可以通过添加抗氧化剂来防止超高分子聚乙烯在辐照过程中和辐照后发生氧化降解。维生素E（生育酚）被发现是超高分子聚乙烯的有效抗氧化剂[150]。使用辐照超高分子聚乙烯插入物的人工髋关节示例如图6.33所示。UHMWPE在骨科中的应用内容见参考文献[45]。

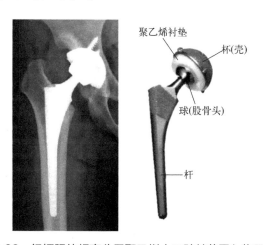

图6.33  经辐照的超高分子聚乙烯人工髋关节置入物示例

# 参考文献

[1] Berejka AJ. Prospects and Challenges for the Industrial Use of Electron Beam Accelerators. International Atomic Energy Agency. Vienna, Austria. Publication SM/EB-01; p.1. <www. iaea. org>

[2] Mehnert R, Bo gl KW, Helle N, Schreiber GA. In: Elvers B, Hawkins S, Russey W, Schulz G, editors. Ullmann's encyclopedia of industrial chemistry, vol. A22. Weinheim: VCH Verlagsgesselschaft; 1993. p. 484.

[3] Burlant WJ. U.S. patent 3247012 (April 19, 1966) to Ford Motor Company.

[4] McGinnis VD. In: Mark HF, Kroschwitz JI, editors. Encyclopedia of polymer science and engineering, vol. 4. New York, NY: John Wiley & Sons; 1986. p. 445.

[5] Yongxiang F, Zueteh M. In: Singh A, Silverman J, editors. Radiation processing of polymers. Munich: Hanser Publishers; 1992. p. 72.

[6] Levy S, DuBois JH. Plastic product design handbook. New York, NY: Van Nostrand Reinhold; 1977.

[7] Rosen S. Fundamental principles of polymeric materials. New York, NY: John Wiley & Sons; 1982.

[8] Williams H. Polymer engineering. New York, NY: Elsevier; 1975.

[9] Roberts BE, Verne S. Plast Rubber Process Appl 1984;4:135.

[10] Hochstrasse U. Wire Ind 1985.

[11] Brand ES, Berejka AJ. World 1978;179(2):49.

[12] Cleland MR. Radiat Phys Chem 1981;18:301.

[13] Markovic V. IAEA Bull 1985

[14] Barlow A, Hill LA, Meeks LA. Radiat Phys Chem 1979;14:783.

[15] Bly JH. Radiat Phys Chem 1977;9:599.

[16] Bruins PF. Plastics for electrical insulation. New York, NY: WileyInterscience; 1968.

[17] Harrop P. Dielectrics. London: Butterworth; 1972.

[18] Schmitz JV, editor. Testing of polymers, vol. 1. New York, NY: WileyInterscience; 1965.

[19] AEIC 5-79, Specifications, PE power cables (5-69 kV).

[20] ASTM D150, AC loss characteristics and dielectric constants. Philadelphia, PA: American Society of Testing Materials.

[21] Blythe AR. Electrical properties of polymers. London: Cambridge University Press; 1979.

[22] Wintle HJ. In: Dole M, editor. Radiation chemistry of macromolecules. New York, NY: Academic Press; 1972.

[23] Matsuoka S. IEEE Trans Nuclear Sci 1976;NS-23:1447.

[24] Sasaki T, Hosoi F, Haywara M, Araki K. Radiat Phys Chem 1979;14:821.

[25] Barlow A, Briggs JW, Meeks LA. Radiat Phys Chem 1981;18:267.

[26] Chapiro A. Radiation chemistry of polymer systems. New York, NY: WileyInterscience; 1962.

[27] Salovey R, Gebauer R. J Polym Sci 1972;A-1, 10:1533.

[28] Waldron RH, McRae HF, Madison JD. Radiat Phys Chem 1988; 25:843.

[29] Peshkov IB. Radiat Phys Chem 1983;22:379.

[30] Vulcanization of Vistalon Polymers, ExxonMobil Chemical; 2000.

[31] Becker RC, Bly JH, Cleland MR, Farrell JP. Radiat Phys Chem 1979;14:353.

[32] Cleland MR. Technical information series, TIS 77-12. Melville, NY: Radiation Dynamics; 1977.

[33] Mc Laughlin WL, Boyd AW, Chadwick KH, McDonald JC, Miller A. Dosimetry for radiation

processing. London: Taylor & Francis; 1989.

[34] Zagorski ZP. In: Singh A, Silverman J, editors. Radiation processing of polymers [chapter 13] Munich: Carl Hanser Verlag; 1992.

[35] Studer N, Schmidt C. Wire J Int 1984;17:94.

[36] Cleland MR. In: Singh A, Silverman J, editors. Radiation processing of polymers. Munich: Carl Hanser Verlag; 1992. p. 81.

[37] Luniewski RS, Bly JH. Irradiation and other curing techniques in the wire industry. In: Proceedings of the regional technical conference. Newton, Massachusetts; March 2021, 1975, sponsored by Electrical and Electronic Division and Eastern Section of Society of Plastics Engineers.

[38] Barlow A, Biggs J, Maringer M. Radiat Phys Chem 1977;9:685.

[39] Clelland MR. Accelerator requirements for electron beam processing. Technical paper TIS 76-6. Melville, NY: Radiation Dynamics, Inc; 1976.

[40] Clelland MR. Lecture notes on electron beam processing. IAEA Regional Training Course, Shanghai; 1988.

[41] Timmerman. U.S. patent 3142629 July (1964) to Radiation Dynamics, Inc.

[42] Tada S, Uda I. Radiat Phys Chem 1983;22:575.

[43] Sawasaki T, Nojiri A. Radiat Phys Chem 1988;31:877.

[44] Hunt EJ, Alliger G. Radiat Phys Chem 1979;14:39.

[45] Makuuchi K, Cheng S. Radiation processing of polymer materials and its industrial applications. Hoboken, NJ: John Wiley & Sons; 2012. p. 155.

[46] Thorburn B, Hoshi Y. Meeting of rubber division of American Chemical Society. Detroit, MI; 1991 [paper #89].

[47] Thorburn B. Meeting of rubber division of American Chemical Society.Chicago, IL; 1994 [paper #20].

[48] Thorburn B, Hoshi Y. Meeting of rubber division of American Chemical Society. Anaheim, CA; 1997 [paper #89].

[49] Scherer WA. Radiat Phys Chem 1993;42:535.

[50] Charlesby A. Nucleonics 1954;12(6):18.

[51] Ivett RN. U.S. patent 2826540 (1958) to Hercules Powder Co.

[52] Precopio EM, Gilbert R. U.S. patent 2888424 (1959).

[53] Lewis JR. Jpn Pat Pub 1965;40-25:351 to Hercules Powder Co.

[54] Palmer DA. U.S. patent 3341481 (1967) to Hercules, Inc.

[55] Palmer DA. U.S. patent Re 26850 (1970) to Hercules, Inc.

[56] Scott HG. U.S. patent 3646155 (1972) to Midland Silicones, Ltd.

[57] Di-Cup® and Vul-Cup® Peroxides Technical Data; Bulletin PRC-102A. Wilmington, DE: Hercules, Inc; 1979.

[58] Griffin JD, Rubens LC, Boyer RF. Jpn Pat Publ 1960;35-13(138): or Br. Pat. 844-231 (1960) to Dow Chemical Co.

[59] Okada A, et al. U.S. patent 3542702 (1970) to Toray Industries, Inc.

[60] Atchinson G, Sundquist DJ. U.S. patent 3852177 (1974) to Dow Chemical Co.

[61] Nojiri A, Sawasaki Y, Koreda T. U.S. patent 4367185 (1983) to Furukawa Electric Co., Ltd.

[62] Lohmar E, Wenneis W. U.S. patent 4442233 (1984) to Firma Carl Freudenberg.

[63] Nojiri A, Sawasaki T. Radiat Phys Chem 1985;26(3):339.

[64] ASTM D2765, Method A, American Society for Testing Materials, vol. 08.02. Philadelphia, PA.

[65] Benning CJ. J Cell Plast 1967;3(2):62.

[66] Trageser DA. Radiat Phys Chem 1977;9:261.

[67] Harayama H, Chiba N. Kino Zairo 1982;2(10):30.

[68] Shina N, Tsuchiya M, Nakae H. Jpn Plast Age Dec. 1972;37.

[69] Sakamoto I, Mizusawa K. Radiat Phys Chem 1983;22(3-5):947.

[70] Shinohara Y, Takahashi T, Yamaguchi K. U.S. patent 3562367 (1971) to Toray Industries, Inc.

[71] Sagane N, et al. U.S. patent 3711584 (1973) to Sekisui Chemical Co., Ltd.

[72] Park CP. In: Klempner D, Frisch KC, editors. Polymeric foams. [chapter 9] Munich: Hanser; 1991. p. 211.

[73] Kiyono H, et al. U.S. patent 4218924 (1980) to Sekisui Chemical Co.

[74] Tamai I, Yamaguchi K. Jpn Plast Age 1972.

[75] Bradley R. Radiation technology handbook. New York, NY: Marcel Dekker; 1983.

[76] Cook PM, Muchmore RW. U.S. patent 3086242 (1963) to Raychem Corporation.

[77] Mehnert R, Bögl KW, Helle N, Schreiber GA. In: Elvers B, Hawkins S, Russey W, Schulz G, editors. Ullmann's encyclopedia of industrial chemistry, vol. A22. Weinheim: VCH Verlagsgesselschaft; 1993.

[78] Timmerman R. U.S. patent 3296344 (1967) to Radiation Dynamics, Inc.

[79] Silverman J. In: Singh A, Silverman J, editors. Radiation processing of polymers. Munich: Carl Hanser Verlag; 1992. p. 20 [chapter 2].

[80] Ellis RH. U.S. patent 3455336 (1969) to Raychem Corporation.

[81] Derbyshire RL. U.S. patent 4287011 (1981) to Radiation Dynamics, Inc.

[82] Muchmore RW. U.S. patent 3542077 (1970) to Raychem Corporation.

[83] Dyer DP, Tysinger AD, Elliott JE. U.S. patent 6326550 (2001) to General Dynamics Advanced Technology Systems, Inc.

[84] Brax HJ, Porinchak JF, Weinberg AS. U.S. patent 3741253 (1973) to W. R. Grace & Co.

[85] Mueller WB, et al. U.S. patent 4188443 (1980) to W.R. Grace & Co.

[86] Bornstein ND, et al. U.S. patent 4064296 (1977) to W.R. Grace & Co.

[87] Kupczyk A, Heinze V. U.S. patent 5250332 (1993) to RXS Schrumpftechnik Garnituren G.m.b.H, Germany.

[88] Bax S, Ciocca P, Mumpower EL. U.S. patent 6150011 (2000) to Cryovac, Inc.

[89] Plastic Pipe and Fitting Association, Glen Elyn, IL, <www.ppfahome. org> [accessed 25.05.12].

[90] Hoffman M. Presentation at the conference "Radiation processing for polymers of the 21st century". Philadelphia, PA; April 8-9, 2003, sponsored and organized by IBA Advanced Materials Division, San Diego, CA.

[91] Koleske JV. Radiation curing of coatings. West Conshohocken, PA: ASTM International; 2002. p. 213.

[92] Santorusso TM. Radiat Curing 11(3);1983:4, Proceedings, Radcure'84, Atlanta, GA, September 1013, 1984, p. 16 (1984).

[93] Zillioux RM. Proceedings of Radcure'86, Baltimore, MD; September 811, 1986, p. 8.

[94] Mehnert R, Pinkus A, Janorsky I, Stowe R, Berejka A. UV&EB curing technology and equipment, vol. 1. London/Chichester: SITA Technology Ltd/John Wiley & Sons; 1978.

[95] Maguire EF. RadTech Rep 1998;12(5):18.

[96] Seidel JR. In: Randell DR, editor. Radiation curing of polymers. London: The Royal Society of Chemistry; 1987. p. 12.

[97] Biro DA. RadTech Rep 2002;16(2):22.

[98] Gamble AA. In: Randell DR, editor. Radiation curing of polymers. London: The Royal Society of

Chemistry; 1987. p. 76.

[99] Lapin SC. RadTech Rep 2008;22(5):27.

[100] Meij R. RadTech Europe 2005. In: Conference proceedings. Barcelona; 2005.

[101] Sanders R. Flexible packaging printer discovers EB technology. RadTech Rep 2003;17(5):30.

[102] Chrusciel J. Proceedings RadTech Europe 2001. Switzerland: Basel; 2001.

[103] Fisher R. In: Conference proceedings, TAPPI hot melt symposium 1999. Durango, CO; 1999, p. 115.

[104] Miller HC. J Adhes Sealant Council, Fall 1998. Conference proceed- ings, Chicago, IL; 1998, p. 111.

[105] Ramharack R, et al. In: Proc RadTech North America; 1996, p. 493.

[106] Nitzl K.European Adhesives Sealants 1996;13(4):7.

[107] Ramharack R, et al. Adhes Age 1996;39(13):40.

[108] Nitzl K.Adhesion 1987;6:23 [in German].

[109] Kupfer GA. Coating 1985;12:258.

[110] Der Polygraph (5), p. 366 (1986) [in German].

[111] Rangwalla I, Maguire EF. RadTech Rep 2000;14(3):27.

[112] Lapin SC. RadTech Rep 2001;15(4):32.

[113] Henke G. Proceedings RadTech Europe 2001. Switzerland: Basel; 2001.

[114] Ebnesajjad S, Morgan RA. Fluoropolymer additives. Oxford, UK: Elsevier; 2012. p. 39.

[115] Dillon JA, U.S. patent 3766031 (1973) to Garlock, Inc.

[116] ROTOJET: Size Reduction Systems, Fluid Energy Processing and Equipment Co., Hatfield, PA; 2008.

[117] Chaix C. RadTech Rep 1997;11(1):12.

[118] Walton TC, Crivello JV. Conference proceedings,'95 international conference on composite materials and energy. Montreal, Canada; 1995. p. 395.

[119] Singh A, et al. Conference proceedings,'95 international conference on composite materials and energy. Montreal, Canada; 1995, p. 389.

[120] Walton TC, Crivello JV. Materials challenge-diversification and the future. Volume 40: Book 2. Symposium proceedings. Anaheim, CA; 1995, p. 1266.

[121] Guasti F, Matticari G, Rossi E. SAMPE J 1998;34(2):29.

[122] Guasti F, Rossi E. Compos Part A: Appl Sci Manufact 1997;28A (11):965.

[123] Raghavan J, Baillie MR. Conference proceedings, polymer compo- sites'99. Quebec, Canada; 1999, p. 351.

[124] Crivello JV, Walton TC, Malik R. Chemistry of materials 1997;9 (5):1273.

[125] Hill S. Mater World 1999;398.

[126] Beziers D, et al. U.S. patent 5585417 (1996) to Aerospatiale Societe Nationale Industrielle.

[127] Berejka AJ. Electron beam-cured composites: opportunities and chal- lenges. RadTech Rep 2002;16(2):33.

[128] Lopata VJ, Sidwell DR. Electron beam processing for composite man- ufacture and repair. RadTech Rep 2003;17(5):32.

[129] Siregar J, Sapuan S, Rahman M, Zaman H. Paper presented at the 9th Malaysian national symposium on polymeric materials. Uniten; 2009.

[130] Ibrahim N, Ahmad S, Yunus W, Dahlan K. eXpress Polym Lett 2009;3:226.

[131] Czvikovski T. Radiat Phys Chem 1985;25:439.

[132] Czvikovski T. [chapter 7] In: Singh A, Silverman J, editors. Radiation processing of polymers. Munich: Hanser Publishers; 1992.

[133] Czvikovski T. Radiat Phys Chem 1996;47:425.

[134] Broxterman WE, et al. U.S. patent 4307155 (1981) to The Dow Chemical Co.

[135] Harper D, et al. Paper presented at the 9th international conference on wood and biofiber plastic composite, Madison, WI; 2007.

[136] Peppas NA. Crystalline radiation cross-linked hydrogels of poly(vinyl alcohol) as potential biomaterials. PhD thesis. Cambridge, MA: Massachusetts Institute of Technology; 1973.

[137] Bhattacharyya D, Xu H, Desmukh R, Timmons RB. Chem Mater 2007;19(9):2222.

[138] Slaughter BV, et al. Adv Mater 2009;21:3307.

[139] Rosiak JM, Janik I, Kadlubowski S, Kozicki M, Kujawa P, Stasica P, Ulanski P. Nucl Instrum Meth B 2003;208:325.

[140] El Salmawi KM. J Macromol Sci Part A 2007;44(June):619.

[141] Davidson RS. Radiation curing, Report 136, vol. 12, No. 4. Rapra Technology Ltd.; 2001. p. 27.

[142] Industrial Radiation Processing with Electron Beams and X-rays. International Atomic Energy Agency. Vienna, Austria; 2008. p. 65.

[143] Berejka AJ, Kaluska I. Materials used in medical devices. Trends in radiation sterilization of health care products. Vienna, Austria: International Atomic Agency; 2008. p. 159.

[144] Portnoy RC. Paper "Clear, radiation sterilizable, autoclavable blends based on metallocene catalyzed propylene homopolymer" presented at SPE-ANTEC. New York, NY, Proceedings, vol. 3. 1999. p. 3011.

[145] Machi S, et al. U.S. patent 5137137 (1979) to Japanese Atomic Energy Research Institute and Maruzen Oil Co., Ltd.

[146] D'Agostino, et al. U.S. patent 4230549 (1980) to RAI Research Corporation.

[147] Machi, S, et al. Paper presented at the second international meeting on radiation processing. Miami, FL; 1978.

[148] Industrial Radiation Processing with Electron Beams and X-rays. International Atomic Energy Agency. Vienna Austria; 2011, p. 77.

[149] Degen PJ. et al. U.S. patent 5282971 (1994) to Pall Corporation.

[150] Sakuramoto I, et al. The effects of oxidative degradation on mechani- cal properties of UHMWPE for artificial knee joint. J Soc Mater Sci Jpn 2001;67:1702 [in Japanese].

# 推荐阅读材料

Makuuchi K, Cheng S. Radiation processing of polymer materials and its industrial applications. Hoboken, NJ: John Wiley & Sons; 2012.

Industrial Radiation Processing with Electron Beams and X-rays. Vienna, Austria: International Atomic Energy Agency; 2011.

Cleland Mr, Galloway, RA. Electron beam crosslinking of wire and cable insulation, technical information series TIS 01812 IBA industrial-white paper. Edgewood, NY: IBA Industrial.

Drobny JG. Radiation technology for polymers. Boca Raton, FL: CRC Press; 2010.

Slaughter BV, Khurshid SS, Fisher OZ, Khademhosseini A, Peppas NA. Hydrogels in regenerative medicine. Adv Mater 2009;21:3307.

Trends in Radiation Sterilization of Health Care Products. Vienna, Austria: International Atomic Agency; 2008.

L'Anunziata MF. Radioactivity: introduction and history. Amsterdam: Elsevier; 2007.

Benedek I. Pressure sensitive adhesives and applications, 2nd ed, New York, NY: Marcel Dekker; 2004.

Mehnert R, Pinkus A, Janorsky I, Stowe R, Berejka A. UV&EB curing technology and equipment, vol. 1. London/Chichester: SITA Technology Ltd/John Wiley & Sons; 1998.

Kudoh H, Sasuga T, Seguchi T. High energy irradiation effects on mechanical properties of polymeric materials. Radiat Phys Chem 1996;48(5):545.

ACS symposium series 620, Clough RL, Shalaby WS, editors. Irradiation ofpolymers, fundamentals and technological applications. Washington, DC:American Chemical Society; 1996.

Singh A, Silverman J, editors. Radiation processing of polymers. Munich: Carl Hanser Verlag; 1992.

Yongxiang F, Zueteh M. In: Singh A, Silverman J, editors. Radiation processing of polymers. Munich: Carl Hanser Verlag; 1992. p. 77.

ACS symposium series 475, Clough RL, Shalaby WS, editors. Radiation effects on polymers. Washington, DC: American Chemical Society; 1991.

Taniguchi N, Ikeda M, Miyamoto I, Miyazaki T. Energy-beam processing of materials. Oxford: Clarendon Press; 1989.

Bradley R. Radiation technology handbook. New York, NY: Marcel Dekker; 1984.

Charlesby A. Radiation effects in materials. Oxford, UK: Pergamon Press; 1960.

# 7

## 耐辐射聚合物及其应用

## 7.1 降解和稳定性

材料在使用过程中暴露在电离辐射下的长期降解是至关重要的问题。相关应用包括经过辐射加工的材料（如交联、接枝、链断裂或灭菌）的暴露后效应，以及材料在整个使用寿命中接受低水平辐射暴露的情况，如在核电站或航天飞行器中。在某些情况下，例如在航天飞行器中，材料主要在缺氧的情况下暴露在辐射下。然而，在大多数应用中，它们暴露在空气中。无论是在辐射或随后的辐射暴露中，氧化条件下的辐照效应与惰性大气下的辐照效应有很大的不同。

聚合物材料具有广泛的辐射稳定性。耐辐射性受到几个因素的强烈影响，包括基本的分子结构、某些类型添加剂的存在和特定的环境暴露条件。

### 7.1.1 无氧条件下辐射引起的降解

断裂和交联是最重要的化学反应，会导致辐射下聚合物力学性能的变化。每个聚合物分子平均只有一个交联或链断裂（例如，在分子量为$4.2 \times 10^5$的聚乙烯（PE）中，30000个—$CH_2$—单位中仅涉及1个）可对聚合物性能产生深远影响。聚合物通常同时发生断裂和交联，但在大多数情况下，其中一种占主导地位[1]。就断裂与交联的优势而言，在无氧条件下降解的聚合物可分为两类[2]。预测大量聚烯烃是交联或断裂的一条非常有用的经验法则（适用于大量聚烯烃）：链上四碳原子浓度高的聚合物，如聚异丁烯、PMMA和聚($\alpha$-甲基苯乙烯)，主要发生断裂，而缺乏这种结构特征的聚合物，如PE、聚苯乙烯和NR，主要发生交联。在大多数情况下，与主要交联的聚合物相比，主要发生断裂的聚合物在较低吸收剂量下的物理性质表现出相当大的变化。因此，当选择聚合物作为辐射应用的材料时，通常避免使用主要发生断链的聚合物。

由于共振能量机制，聚合物链中芳香环的存在对辐射诱导交联或断裂的产率具有强烈的稳定影响，并且含有芳香官能团的聚合物在需要耐辐射的应用中特别有用。例如，对于PE，交联产率$G(X)$为$1.0 \sim 2.5(100eV)^{-1}$，对于聚苯乙烯，其为$0.035 \sim 0.050(100eV)^{-1}$[3,4]。对于聚异丁烯，$G(S)$值为$0.25(100eV)^{-1}$[5]，对于甲基苯乙烯，$G(S)$值为$0.25(100eV)^{-1}$[6]。同样，聚苯基甲基硅氧烷中的$G(X)$显著低于硅弹性体（PDMS）[7]，芳香族聚酰胺比脂肪族聚酰胺更耐辐射[8]。耐辐射性不一定和其他降解效应的抗性相关。因此，聚四氟乙烯（PTFE，特氟龙）具有优异的热化学抗性，但在电离辐射下会迅速降解[9]。

#### 7.1.1.1　不饱和和变色

由辐射引起的另一个重要结构变化是不饱和位点的形成。这是由于链或侧基上相邻取代基的损失，如PE中相邻的氢原子，或因歧化反应而发生的自由基-自由基终止反应。双键随后可能通过自由基加成参与交联[1]。聚丁二烯或聚异戊二烯等不饱和聚合物中双键的顺-反异构化也由电离辐射引起[10,11]。

由于共轭双键或捕获自由基的形成，一些聚合物在辐照时会发生颜色变化。PVC在剂量为50～150kGy时变暗，许多聚烯烃在剂量通常为100kGy时趋于黄色。聚苯乙烯和聚硅氧烷可以抵抗这种颜色变化[1]。少量杂质或添加剂（例如酚醛抗氧化剂稳定剂）显著促进辐照聚合物材料中的颜色形成[10]。

#### 7.1.1.2　气体产物的形成

另一个与聚合物辐射降解有关的现象是气体产物的形成。聚烯烃的辐照主要产生$H_2$以及低级烷烃和烯烃（甲烷、乙烷、乙烯、丙烷等）[11]。其他聚合物产生不同的气体混合物，这取决于给定聚合物的原子组成和分子结构。PMMA产生18%的氢气、15%的甲烷、36%的一氧化碳、25%的二氧化碳和5.3%的丙烷[12]。卤化聚合物产生高度腐蚀性的气体产物。例如，PVC具有高HCl产率[13]。

气体产物的体积很大，例如，经1MGy辐照的PE，在标准状况下，从1g聚合物中产生约$10cm^3$的气体产物[1]。当在密封容器中进行辐照时，大体积的气体产物可能成为一个问题。此外，在辐照材料中有可能形成气泡，导致孔隙率或尺寸变形。

#### 7.1.1.3　辐射诱导电导率

由于离子的产生，所有有机聚合物中都存在辐射诱导的电导率，并且诱导电流是剂量率的函数。电导率通常在数天或数月内呈指数衰减，具体取决于材料类型[14]。聚合物可以通过掺杂低浓度的电子供体或受体分子（作为深层的外在陷阱位点）来提高对诱导电导率的抗性[1]。

#### 7.1.1.4　特定聚合物的耐辐射性

聚苯乙烯由于其芳香成分含量高，在所有广泛使用的廉价热塑性材料中具有最高的耐辐射性。气体产物（主要是氢）的产率是脂肪族烯烃的1/100。聚苯乙烯在惰性气氛下辐照时发生缓慢交联，其力学性能在$10^4$kGy

下几乎保持不变[15,16]，仅在 $5×10^6$kGy 以上时才会对材料造成过度损坏。苯乙烯共聚物，如丙烯腈-丁二烯-苯乙烯橡胶（NBR）也具有很好的耐辐射性能[1]。聚氯乙烯可耐受高达 $10^2$kGy 的照射，且力学性能无任何显著变化。

一些不太常见的聚合物，如芳香族PI（如Kapton）和聚苯硫醚，具有很高的耐辐射性，其力学性能在剂量高达 $10^4$kGy[17,18]时保持不变。PEEK和聚间苯二甲苯胺的力学性能在 $10^4$kGy 以上降低了不到50%[18]。

许多高度交联的热固性树脂，包括酚类树脂、环氧树脂和聚氨酯树脂，在非常高剂量时保持不变，添加矿物或玻璃填充物能显著提高它们的耐辐射性[1]。

包括聚氨酯、SBR和一些配方的乙烯-丙烯弹性体材料具有高度的耐辐射性。在织物方面，芳香族聚酰胺（如凯夫拉尔纤维）和PET比合成纤维和天然纤维具有更好的耐辐射性能[1]。聚四氟乙烯、丁基橡胶和聚（氧亚甲基）具有低抗性，在100kGy及以下辐照剂量时具有明显的有用性能损失[1]。

## 7.1.2　空气中的辐射降解

如果电离辐射在空气中进行，则会受到很大的影响，在这种条件下，材料内部可能会发生广泛的氧化，因为氧气会大量参与降解化学反应[1]。在空气中的结果与在无氧气氛下的结果有很大的不同，因为氧气强烈地支持链断裂。氧的存在增强了许多聚合物的降解及其程度，无论是在辐照期间还是在辐照之后都是如此[1]。

此外，剂量率可能会对在氧气存在下辐照的聚合物的降解产生重大影响。较低的剂量率通常会增加氧化和断链的产率，并导致每当量吸收剂量更大的材料降解[1]。剂量率效应是辐射氧化过程中发生的几种与力学性能相关的、与时间有关的现象之一，其他包括温度和辐照后效应。剂量率的影响是由氧气的扩散、过氧化物的分解和自由基的迁移引起的，并产生了巨大的实际后果[1]。例如，由LDPE制成的管道和电力电缆在以低剂量率照射时，会在较短的时间内失效[1]。

在贮存或使用中，辐照材料的降解通常在材料从辐射环境离开很久之后继续进行[19,20]。辐照后的反应是由辐照过程中形成的反应中间体引发的[1]。辐照后的氧化作用可能会持续数周至数年，并可能导致比辐射直接作用更广泛的降解。辐照后效应的发生和大小与材料种类密切相关。不含晶区的材料有效地稳定了抗氧化性，因此不太容易产生辐射后效应[1]。

温度影响氧存在下的辐射降解。由于影响氧化的关键过程，如过氧化物分解、自由基迁移、氧扩散和稳定添加剂的扩散损失，可能会产生强烈的温度效应[1]。

### 7.1.2.1　空气中辐射降解的稳定剂

稳定剂是改善空气中辐照聚合物降解的添加剂。稳定剂通常是抗氧化剂，主要是自由基清除剂，可以中断自由基介导的氧化链式反应。抗氧化剂可抑制在辐照期间和辐照后发生的氧化降解，其稳定作用大于惰性气氛辐照[1]。许多抗氧化剂可有效提高在空气中辐照聚合材料的稳定性，并且通常是市售的化合物[8]，受阻酚类和胺类是最有效和应用最广泛的[1]。表7.1列出了典型的稳定剂及其作用的例子。据报道，N-环己基-N'-苯基对亚苯基二胺作为一种有效的稳定剂，可将降解速率降低为原来的1/10[1]。稳定效果取决于稳定剂的含量，直至达到一定的阈值，超过该阈值几乎没有影响。有关此主题的更多信息，请参见4.3。

表7.1　将拉伸强度降低至初始值的一半所需含0.25%PE的稳定剂的剂量

| 稳定剂 | 剂量/kGy |
| --- | --- |
| 无 | 6 |
| 2-巯基咪唑（MBI）<br>2-mercaptoimidazole (MBI) | 6 |
| 磷酸三月桂酯<br>trilauryl phosphate | 6 |
| Ionox 330 [2,4,6-三（3′,5′-二叔丁基-4-羟基苄基）均三甲苯]<br>Ionox 330 [2,4,6-tri(3′,5′-di-tert-butyl-4-hydroxybenzyl) mesitylene] | 8 |
| 2-巯基苯并噻唑（MBT）<br>2-mercaptobenzothiazole (MBT) | 13 |
| DNPD [N,N′-二（β-萘基对苯二胺）]<br>DNPD [N,N′-di(β-naphthyl-p-phenylenediamine)] | 15 |
| Santonox R [4-4′硫代双（6-叔丁基-3-甲基苯酚）]<br>Santonox R [4-4′-thiobis(6-tert-butyl-3-methylphenol)] | 23 |
| 桑托白粉[4,4′-亚丁基双（3-甲基-6-叔丁基苯酚）][①]<br>Santo white powder [4,4′-butylidenebis(3-methyl-6-tert-butylphenol)][①] | 24 |

① 受阻酚衍生物。

## 7.1.3　特定聚合物的耐辐射性

特定聚合物类型的近似耐辐射性可定义为惰性（或极高剂量率）条件下的辐射降解。许多聚合物在氧化条件下表现出更低的耐辐射性，如7.1.2

所述。因此，没有一种简单的方法可以从现有的数据中得出结论。从惰性条件下的低剂量辐照变化到空气中的低剂量辐照的影响取决于材料。对于硅橡胶等聚合物，氧化作用不明显，耐辐射性能变化很小。对于其他聚合物，如聚四氟乙烯或聚苯乙烯，氧化作用的影响是相当大的，耐辐射性能降低到原来的1/40[1]。这种坚硬的、玻璃状的、高度交联的材料在惰性条件下的辐照和在中低剂量下空气中的辐照之间几乎没有区别，部分原因是由极低的氧气渗透率导致的低氧化率。由于剂量率、配方样品厚度、温度等参数使比较更加复杂[1]。尽管存在所有的复杂因素，表7.2还是能够说明所选聚合物的耐辐射性，这是基于将断裂伸长率降低到原来的50%所需的剂量。结果表明，在空气中低剂量率和惰性气体中高剂量率条件下，这些聚合物的辐照特性存在差异。数据来源于参考文献[1]中的表3。

表7.2　在空气[①]中的低剂量率条件下，与高剂量率和/或惰性气氛[②]条件下相比，将断裂伸长率降低至50%所需的剂量

| 聚合物类型 | 所需剂量[①]/kGy | 所需剂量[②]/kGy |
| --- | --- | --- |
| 苯酚甲醛（锯末47%） | $2\times10^3$ | $6\times10^3$ |
| 聚酯纤维（15%玻璃纤维，56%矿物填料） | $2\times10^3$ | $5\times10^4$ |
| 聚苯乙烯 | $5\times10^2$ | $2\times10^4$ |
| 氯磺化PE | $5\times10^2$ | $8\times10^2$ |
| 聚苯乙烯聚丁二烯共混物 | $4\times10^2$ | $2\times10^3$ |
| 乙烯-乙酸乙烯酯共聚物 | $4\times10^2$ | $2\times10^3$ |
| PET | $3\times10^2$ | $3\times10^3$ |
| EPM | $3\times10^2$ | $7\times10^2$ |
| CR（氯丁橡胶） | $3\times10^2$ | $5\times10^2$ |
| 硅橡胶 | $2\times10^2$ | $3\times10^2$ |
| 增塑PVC | 100 | $2\times10^3$ |
| 低密度聚乙烯（LDPE） | 100 | $9\times10^2$ |
| 乙烯-四氟乙烯共聚物 | 80 | $6\times10^2$ |
| NR | 70 | $1.5\times10^3$ |
| 聚酰胺（脂肪族） | 20 | $4\times10^2$ |
| 高密度聚乙烯（HDPE） | 15 | $3\times10^2$ |
| 聚丙烯（PP） | 7 | $10^3$ |
| PTFE（特氟龙） | 1 | 40 |

① 空气中辐照剂量为5～50Gy/h。
② 辐照剂量在高剂量（$10^4$Gy/h或更高）和/或惰性气氛下。

## 7.2 耐辐射聚合物的应用

高科技行业需要特种聚合物，这些聚合物对辐射照射具有特定的反应。例如，电子工业需要经过辐射诱导断裂或交联的材料用于抗蚀剂涂覆，而航空航天、医疗应用和核工业则需要耐辐射性稳定的材料。

### 7.2.1 航空航天应用

随着卫星和其他空间飞行器设计寿命的增加，辐射对聚合材料的影响在航空航天项目中仍具有重要意义[21]。先进材料由于其高的强度重量比而成为理想的材料，如在结构应用中的石墨纤维增强复合材料。这种复合材料必须具有足够的耐辐射能力，才能用作航空航天飞行器的部件。这些应用的复合基质材料包括耐辐射性为 $10^3$ kGy 的环氧树脂和氰酸酯树脂，它们在 1 MeV 能量、电子照射剂量为 $10^5$ kGy 的情况下，没有显示出变化[14]。

酚醛树脂和聚苯乙烯具有足够的抗力，最高可达 $8 \times 10^4$ kGy。其他在航空航天领域中使用的特种聚合物有 PI、芳香族砜和聚醚酮。氟塑料（PVDF、FEP、PFA 和 PTFE）用于特种电线绝缘，在无氧条件下辐照时表现出足够的抗力。聚偏氟乙烯通常以预辐照的形式使用，以提高稳定性[14]。金属箔包裹电线和电缆是一种附加的保护手段。

弹性体主要用于高度屏蔽环境中的垫圈、密封件和 O 形环。苯基硅橡胶可承受高达 $10^3$ kGy 的剂量，氟弹性体可承受达 10 kGy 的剂量；EPM 的使用阈值为 500 kGy[14]。

### 7.2.2 辐射灭菌

γ 射线、X 射线和电子束辐照正越来越多地用于医疗和药品的消毒灭菌，这是为了方便，更重要的是考虑到化学消毒剂（即环氧乙烷）的毒性[22]。生物医学高分子材料的辐射灭菌，特别是可植入的外科器械，引起了重大的关注。如前所述，聚合物通常会经历一些辐射诱导的降解，从而导致变色和相关的性能下降。由特定的辐射稳定化学物质引起的另一个问题是气味。最常见的具有辐照后气味的聚合物是 PE 和 PVC（来自某些基于大豆或亚麻籽油的氧化增塑剂的腐臭气味）。气味通常可以通过使用抗氧化剂、不同的加工温度或选择较高分子量的聚合物来减轻。也可以通过使用透气包装［例如特卫强（Tyvek）或纸］和高温调节来减少气味[23]。

因此，塑料部件应具有足够的耐辐射性，在消除生物负载所需的辐射条件下，不得变色或降解。辐射灭菌材料的选择应遵循以下基本规则[23]：

- 使用分子量高的材料（尽可能使用分子量分布窄的材料）；
- 芳香族材料比脂肪族材料更耐辐射；
- 非晶材料比半晶材料更耐辐射；
- 较高水平的抗氧化剂能提高耐辐射性（在许多情况下，有一个限度，超过这个限度就没有效果；数值必须确定）；
- 低密度材料比高密度材料更耐辐射；
- 带有较小侧基的材料更耐辐射；
- 对于半结晶材料，结晶度越低，耐辐射能力越强；
- 透氧性低的材料更耐辐射。

大多数热塑性塑料，基本上都是热固性的。大多数弹性体至少可以承受一次辐照灭菌（<50kGy），而不会有明显的损伤。

## 7.2.3 核工业应用

高分子材料广泛应用于核电站设备中，对核电站的安全运行具有重要意义。大多数聚合物材料可用于至少 $10^9$ kGy 的辐射环境中，有些材料在有限应用中的辐照剂量可以达到 $10^{13}$ kGy[24]。高剂量率会引起发热，塑料和弹性体的某些性能与温度有关。此外，辐射引起的性能变化可能取决于温度、辐射类型、剂量率、材料的分子结构和作用在使用部件上的机械应力。

一般来说，以下应用在核工业中很常见[24]：

- 垫圈和密封件；
- 软管、柔性管和隔膜；
- 电气绝缘、电线和电缆；
- 隔热；
- 灌封和封装化合物。

用于核反应堆和辅助设备的各种弹性密封件包括[24]：

- 气闸密封件；
- 人员舱口密封件；
- 环形和湿井通道舱口密封件；
- 换料管道舱口密封件；
- 气闸轴封；

·干井封头；

·可充气门和阀门密封件。

用于核燃料后处理厂辐射区域中的聚合物包括PE、PI、含氟弹性体以及少量的聚醚酮。如果辐射水平足够低，它们可用作密封件和轴承。对于非活性或低活性管道，PTFE长期以来一直用作密封剂。燃料后处理厂中使用的弹性材料主要基于丁腈橡胶（NBR）、三元乙丙橡胶和EPDM[25]。

核工业中使用的电缆在使用前必须经过严格的测试。电缆的鉴定测试（类型测试）旨在模拟使用中的老化情况，以便预测使用寿命结束时的状况[26,27]。如果电缆用于核部件或在使用中暴露于任何类型的电离辐射，则模拟辐射诱发的老化是测试的一部分。在进行辐射效应测试时，不仅要考虑吸收剂量，还要考虑剂量率[28-32]。用于类型测试的IEEE 383标准允许以高达10kGy/h的剂量率辐照测试样品。但是，在以低剂量率（通常小于1kGy）为特征的长期应用中，实验通常无法获得预测信息[33]。

在一项研究中[33]，对具有不同护套/绝缘组合（即PVC/PVC、PVC/PE和XPE/XPE）的电缆进行了一系列测试。生产的（实际）电缆以大约7kGy/h、30kGy/h和100kGy/h的剂量率进行辐照，吸收剂量升至590kGy，测量断裂伸长率、诱导时间（OIT）和密度。辐照后，断裂伸长率和OIT的测量值在剂量率分别为30kGy/h和100kGy/h时显示出诱导期。在这些氧诱导期间，测量值几乎是恒定的。断裂伸长期间的吸收剂量为100～150kGy，OIT的吸收剂量为50kGy。密度的诱导期与OIT相当。在7kGy/h的剂量率下，没有观察到诱导期。

XPE/XPE电缆的测量特性在辐照期间基本不变。可以得出结论，以100kGy/h的剂量率对XPE/XPE电缆进行的资格测试可以得出非常令人满意的结果。对于PVC/PE和PVC/PVC电缆，剂量率小于30kGy/h似乎是可以接受的折中方案。

## 参考文献

[1] Clough R. In: Mark HF, Kroschwitz JI, editors. Encyclopedia of polymer science and engineering, vol. 13. New York, NY: John Wiley & Sons; 1986. p. 672.

[2] Charlesby A. Atomic radiation and polymers. Oxford, UK: Pergamon Press; 1960.

[3] Parkinson W, Bopp C, Binder D, White J. J Phys Chem 1965;69:828.

[4] Kang H, Saito O, Dole M. J Am Chem Soc 1967;89:1980.

[5] Alexander P, Black R, Charlesby A. Proc R Soc London, Ser A 1965;232:31.

[6] Kettiar A. J Appl Polym Sci 1959;2:134.

[7] Jenkins RK. J Polym Sci Part A 1966;1:771.

[8] Lyons BJ, Lanza VL. In: Hawkins WL, editor. Polymer stabilization.New York, NY: John Wiley & Sons; 1972, [chapter 6].

[9] Timmerman R, Greyson W. J Appl Polym Sci 1962;6:456.

[10] Evans MB, Higgins GM, Turner DT. J Appl Polym Sci 1959;2:340.

[11] Golub MA. J Am Chem Soc 1958;80:1794.

[12] Chapiro A. Radiation chemistry of polymeric systems. New York, NY: John Wiley & Sons; 1962. p. 358.

[13] Miller AA. J Phys Chem 1959;63:1755.

[14] Willis PB. Survey of radiation effects on materials. Presentation at the OPFM instrument workshop; June 3, 2008.

[15] Sisman O, Bopp CD. Physical properties of irradiated plastics. USAEC report ORNL—928. Oak Ridge National Laboratory; June 29, 1951.

[16] Wilski H, Duch E, Leugering H, Rosinger S. Coll Poly Sci 1981; 259:818.

[17] Schonbacher H, Stolarz-Izycka A. Compilation of radiation damage test data, Part II : Thermosetting and thermoplastic resins. Report CERN 7908, European Organization for Nuclear Research, Geneva; August 15, 1979.

[18] Seguchi T, Yamamoto Y, Seguchi T, Yamamoto Y, Yegya H. Hitachi Cable Rev 1985;4:37.

[19] Neudorfl P. Kolloid Polymere Zeitschrift 1965;204:38.

[20] Parkinson W, Binder D. Materials for nuclear applications. ASTM technical report # 276, 1960.

[21] Tenny DR, Slemp, WS. In: Reichmanis E, O'Donnell JH. editors. The effects of radiation on high-technology polymers. ACS symposium series 381. Washington, DC: American Chemical Society; 1989. p. 224.

[22] Clough R, Shalaby SW, editors. Radiation effects on polymers. ACS symposium series 475. Washington, DC: American Chemical Society;1991.

[23] Hammerich KJ. Polymer materials selection for radiation-sterilized products. Medical device and diagnostic industry news products and suppliers; February 1, 2000.

[24] Ademar Benévolo Lugão. Selected polymers materials for nuclear applications. LAS/ANS 2010 symposium on "New technologies for the nuclear fuel cycle". Rio de Janeiro; May 22, 2010.

[25] Materials used in a nuclear fuel reprocessing plant. Mater World 1994; 2(12):628.

[26] Drobny JG. Polymers for electricity and electronics. Hoboken, NJ: John Wiley & Sons; 2012. p. 244.

[27] IAEA-TEC DOC-1188. International Atomic Energy Agency, Vienna, Austria; December 2000.

[28] IAEA-TEC DOC-511. International Atomic Energy Agency, Vienna, Austria; 1990.

[29] Gillen KT, Celina M, Clough RL. Radiat Chem Phys 1999;56:429.

[30] Wise J, Gillen. KT, Clough RL. Radiat Chem Phys 1997;49(5):565.

[31] Plaček V, Bartoníček B. Nucl Instrum Methods Phys Res Part B2001;185:355.

[32] Matsui T, et al. Radiat Chem Phys 2002;63(2):193.

[33] Plaček V, Bartoníček B, Hnát V, Otáhal B. Nucl Instrum Methods Phys Res Part B 2003;208:448.

## 推荐阅读材料

Cleland Mr, Galloway RA. Electron beam cross-linking of wire and cable insulation. Technical information series TIS-01812, IBA Industrial Inc.,

Edgewood, NY. Drobny JG. Polymers for electricity and electronics. Hoboken, NJ: John Wiley & Sons; 2012.

Clough R, Shalaby SW, editors. Radiation effects on polymers. ACS symposium series 475. Washington, DC: American Chemical Society; 1991.

Tenny Dr, Slemp WS. In: Reichmanis E, O'Donnell JH. Editors. The effects of radiation on high-technology polymers. ACS symposium series 381.Washington, DC: American Chemical Society; 1989.

Clough R. In: Mark HF, Kroschwitz JI, editors. Encyclopedia of polymer science and engineering, vol. 13. New York, NY: John Wiley & Sons; 1986.

Schonbacher H, Stolarz-Izycka A. Compilation of radiation damage test data, Part II : Thermo-setting and thermoplastic resins. Report CERN 7908, European Organization for Nuclear Research, Geneva; August 15, 1979.

Lyons BJ, Lanza VL. In: Hawkins WL, editor. Polymer stabilization. New York, NY: John Wiley & Sons; 1972.

Chapiro A. Radiation chemistry of polymeric systems. New York, NY: John Wiley & Sons; 1962.

Charlesby A. Atomic radiation and polymers. Oxford, UK: Pergamon Press; 1960.

Parkinson W, Binder D. In: Materials for nuclear applications. ASTM Technical Report # 276 1960.

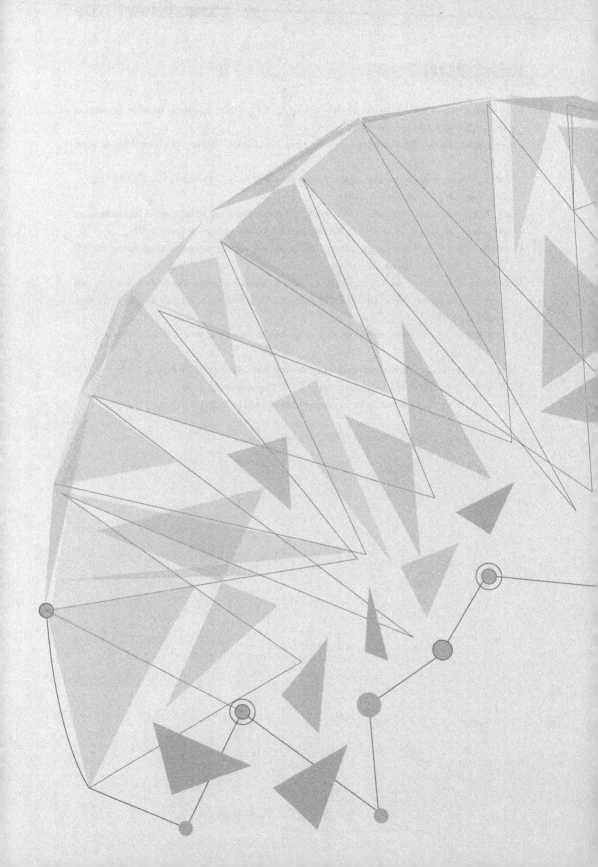

# 8

## 剂量学和实时过程监测

光子（X射线和γ射线）和电子电离辐射源的工业辐射应用包括广泛的吸收剂量。为了确定装置是否正常运行，并确保产品具有所需的质量，对辐射源传递的辐射能量的测量是很重要的。经验证的剂量学系统被广泛用于新工艺的开发、验证、确认，已建立工艺的质量控制，以及日常和工厂间加工一致性的档案文件。通常，剂量范围约为6个数量级，剂量率约为12个数量级，能量范围超过2个数量级[1]。

# 8.1 剂量学

吸收剂量是为了评估辐射对加工材料的影响而测量的量。用于测量的方法称为剂量学。现有多种剂量学方法，其中一些方法列于表8.1中。剂量学的主要功能是[1]：

· 剂量测量可使加工过程具有足够的均匀性；
· 工艺验证，包括满足工艺规范的剂量设置；
· 工艺鉴定，包括最小剂量值和最大剂量值的确定及位置；
· 工艺检验，通过协调日常剂量测定和工艺参数监测进行；
· 使用参考剂量计对标准进行适当的校准和溯源。

表8.1 剂量测量计系统的例子

| 剂量计类型 | 读数类型 | 举例 | 吸收剂量范围/Gy |
|---|---|---|---|
| 量热计 | 温度测量 | 石墨、水、聚苯乙烯 | $10^1 \sim 10^4$ |
| 辐射变色薄膜 | 分光光度计 | 染色和透明塑料薄膜 | $10^0 \sim 10^6$ |
| 无机晶体 | EPR光谱 | LiF、$SiO_2$ | $10^3 \sim 10^7$ |
| 有机晶体 | EPR光谱 | 丙氨酸、蔗糖、细胞膜 | $10^0 \sim 10^5$ |
| 化学溶液 | 分光光度计 | 铈-亚铈、有机酸 | $10^2 \sim 10^5$ |
| 半导体 | 电气测量 | 硅二极管 | $10^0 \sim 10^4$ |

方法的选择取决于工艺的类型。对于EB，关键工艺参数是束能量、束电流、扫描因素和均匀性、束脉冲特性以及被加工产品的配置。选择合适剂量学的标准总结如下[1]：

· 给定辐射类型和能量，在指定剂量范围内的校准响应；
· 给定剂量学系统的适用性及其在剂量范围内的响应；
· 测量的可重复性和稳定性；

·能量沉积特性（辐射类型、光谱、剂量率）；

·照射之前、照射期间和照射后的条件；

·包装、运送、辐射几何条件；

·分析技术和条件，读数的容易程度和速度；

·剂量计稳定性因素；

·成本和可用性与应用的对比。

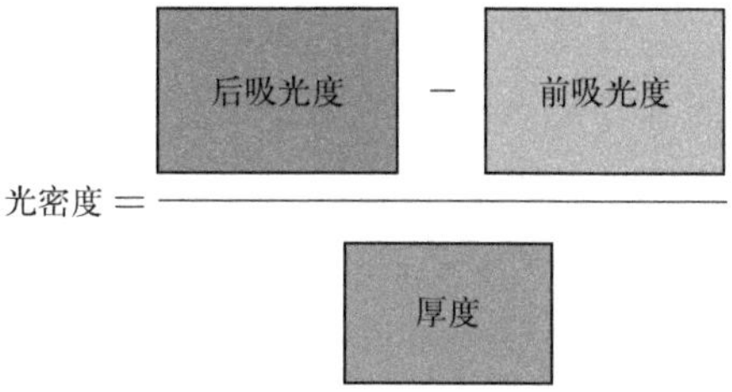

图8.1　薄膜剂量计的光密度变化公式

最方便和最广泛使用的方法是薄膜剂量计测定，这种方法已经使用了几十年。市售的薄膜剂量计基本上是透明的或含有染料或染料前体的塑料薄膜。辐射变色薄膜的厚度从0.005mm到1mm不等，用于监测$10 \sim 10^5 Gy$的EB和γ射线剂量[2]。这些剂量通常用于医疗、涂料、胶黏剂、电线和电缆绝缘的辐射固化、热收缩管、薄膜和复合材料的交联等。当被辐照时，辐射变色膜会按照吸收剂量的比例不可逆转地改变其光学吸收率。为了尽量减少因薄膜厚度变化而产生的误差，剂量计的响应（光密度）通常表示为辐射引起的吸光度变化除以剂量计薄膜厚度（图8.1）。辐射变色膜对于测量高分辨率的EB轮廓和深度剂量的吸收剂量分布以及薄层的剂量分布（如辐照材料的表面）非常有用。表8.2中列出了目前可用的部分EB剂量计。适当的测试程序，在几个ASTM标准中都有描述[3]❶。

表8.2　目前可用的薄膜EB剂量计

| 类型 | 薄膜厚度/μm | 分析波长/nm | 剂量范围/kGy |
|---|---|---|---|
| 聚酰胺（尼龙） | 50或10 | 600~510 | 0.5~200 |
| 聚氯苯乙烯 | 50 | 630或430 | 1~300 |
| 聚乙烯醇缩丁醛 | 22 | 533 | 1~200 |
| 100μm聚酯支架上的辐射变色微晶层 | 6（传感器） | 650或400 | 0.1~50 |
| 三醋酸纤维素 | 38或125 | 280 | 5~300 |
| 染色的二醋酸纤维素 | 130 | 390~450 | 10~500 |
| 染色（蓝色）玻璃纸 | 20~30 | 650 | 5~300 |

❶ ASTM标准E1204、E1261、E1275和E1276已分别被标准ISO/ASTM51204、ISO/ASTM51261、ISO/ASTM51275和ISO/ASTM51276取代。

有几种类型的剂量计系统被用于确定吸收剂量。最简单的是薄膜式剂量计，适合在日常工作中使用。一般来说，任何剂量计的读数都会受到以下因素的影响[4]。

· 剂量率或剂量分级；

· 温度、相对湿度、氧含量、光照；

· 照射后其稳定性。

每种类型的剂量计都需要一个特定的程序以确保准确和可重复的结果，如照射后的热处理。有些需要稳定一定时间（例如长达24h），然后再进行吸收率的读取[5-7]。吸收率的读取可以通过传统的分光光度法或其他更复杂的方法。

最初的辐射变色膜是蓝色的玻璃纸薄膜，由蓝色二偶氮染料着色，可通过电离辐射变色，厚度在19 ～ 26μm之间，具体取决于制造商。这种透明玻璃纸薄膜已被用作装饰性的热封和防潮包装薄膜。辐射变色可能是该蓝色薄膜在辐射下不能充分再现的原因之一[8]。改进的玻璃纸薄膜专门用于两种不同颜色的剂量测定，即橙色和紫罗兰色，带有不溶性双偶氮染料。它们的厚度为1密耳（mil）（25.6μm），最大吸收率分别为440nm和560nm，变色在10 ～ 300kGy剂量范围内逐渐发生[2]。辐射变色薄膜如图8.2所示。

**图8.2 辐射变色薄膜示例**

（图片由Elektron Crosslinking公司提供）

其他商业化的辐射变色膜是PMMA、三醋酸纤维素（CTA）[1,8]、聚酰胺（Nylon）薄膜、含有对氨基苯甲酸和对硝基苯甲酸的聚乙烯基丁酸[1]，以及丙氨酸薄膜[2]。CTA薄膜是不染色的，PMMA薄膜有不染色和染色的（红色和琥珀色）[2]。

薄膜剂量计通常用于以下测量[4]。

· 表面积率（或处理系数），与单位时间内束流的辐照面积和吸收剂量有关，是通过测量在几个束流水平上的表面剂量来确定的；

· 吞吐率，可通过在不同速度下测量束流范围内的剂量来估算吞吐（生产）率，它是根据输送到相关层的平均吸收剂量乘以每单位有效束流的输送机速度计算的；

· 在束宽度上的剂量均匀性是通过在大约1in（25mm）间隔放置薄膜片或在束的整个宽度上使用一长条薄膜来测量；

· 深度剂量分布是通过照射一叠厚度略大于实际射程的辐射薄膜片来测量。深度剂量是通过评估单个膜片来确定的。

图8.3显示了一种瑞典Elektron Crosslinking公司提供的用于直接读取曝光薄膜的剂量读取器。由位于丹麦罗斯基勒的Risø国家实验室开发的一个名为RisøScan的软件包，提供了一种分析可见彩色剂量计薄膜图像的方法。彩色剂量计薄膜可以在光学平板扫描仪上进行扫描，并生成带有着色程度信息的图像文件，可以获得高空间分辨率的扫描图像，但要在文件大小和分辨率之间做出平衡。剂量计的校准是通过测量已知剂量来实现的。因此，该软件是使用颜色明显的薄剂量计来测量剂量和剂量分布的有用工具[9]。

图8.3 辐照薄膜的剂量读取器
（图片由Elektron Crosslinking公司提供）

为了确保数据的准确性和可靠性，在使用辐射变色薄膜时必须采取某些预防措施[2,10]：

· 它们不应在极端的相对湿度下照射，即相对湿度在20%以下和80%以上，如果在辐照过程中不能避免这种情况，则应在辐照前将薄膜密封在相对湿度为50% ~ 70%的PE袋中；

·由于薄膜是光学读取的，因此应保持无灰尘、划痕和指纹；

·薄膜必须在任何时候都不受紫外线照射；

·一般情况下，薄膜应该在照射后大约24h才被读取，因为完全染料显影需要几个小时。

任何用于确定辐照产品中吸收剂量的剂量计都必须校准[1,2]。量热法利用EB沉积的绝热特性，是测量吸收剂量（单位质量能量）的主要绝对方法[11]。用于此目的的仪器的一个例子是由丹麦Risø国家实验室开发的水量热计[12,13]。据报道，该量热计适用于能量大于5MeV的直线加速器中的电子，其精度为62%[10]。用于此目的的其他类型的仪器有如图8.4所示的石墨量热计[14]和聚苯乙烯量热计[15]。据报道，完全吸收石墨体量热计适用于测量4～400MeV范围内的电子加速器能量沉积[16-18]。用聚苯乙烯制成的量热计已用于1.5～10MeV电子加速器的剂量测量。聚苯乙烯作为吸收材料的优点是该材料具有辐射稳定性，并且可以制作相同的模体用于其他剂量计的辐射校准，为建立在工业电子加速器上进行剂量测量的可追溯性提供了一个精确的工具[15]。

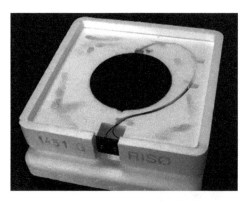

图8.4　石墨量热计（图片由Risø国家实验室提供）

本质上，量热计根据与外部电连接的量热计芯中辐射引起的温升测量吸收剂量。被校准剂量计的剂量与净温升的相关量热计读数有关。这些量热计用作高能EB（2～12MeV）的参考剂量计，也用于小型参考剂量计和常规剂量计（颗粒和辐射变色薄膜）[19]。

校准由国家或二级标准实验室完成。美国国家标准与技术研究所（NIST）对该程序的校准包括剂量范围为$10^0 \sim 10^7$ Gy的γ射线源（$^{60}$Co）或高能电子束（1～28 MeV）结合石墨或水量热计[1]。

丙氨酸剂量计的操作是基于1-$\alpha$-丙氨酸（一种晶体氨基酸）在受到电离辐射时形成非常稳定的自由基的能力。丙氨酸自由基产生的EPR（电子顺磁共振）信号与剂量有关，但与剂量率、能量类型无关，且对温度和湿度相对不敏感[20]。丙氨酸剂量计为微球或薄膜的形式，可用于10Gy～200kGy的剂量测量[21]。此外，还开发了一种使用丙氨酸EPR系统的参考校准服务，扫描结果通过邮件发送到服务中心。当前可用的系统允许将EPR扫描传输到NIST服务器上以获得校准证书。这样，程序就从几天缩短到几小时[22]。

荧光薄膜剂量计是一种含有氟化锂（LiF）微晶体的PE薄膜，能够通过测量可见光或红外区域的光释光（OSL）（ASTME2304-03）来测量50～300kGy范围内的吸收剂量。另一种评价方法是紫外光谱测定法，也适用于5～200kGy范围内的剂量测量。通过测量低于和高于1kGy的530nm处的绿色OSL信号，发现荧光薄膜剂量计也适用于$\gamma$射线、电子和韧致辐射[23]。

硫酸铈剂量计是在电离辐射的酸性溶液中，用电位法测定铈还原成铈离子[24]。该系统的有效吸收剂量范围为500Gy～50kGy。硫酸铈剂量计可用作参考标准、传递剂量或常规剂量计。该系统主要用于能量在0.6MeV以上的$\gamma$射线剂量测定、能量在2MeV以上的X射线（韧致辐射）剂量测定，以及能量在8MeV以上的EB剂量测定[24]。

PE剂量计是利用聚乙烯薄膜来指示辐射响应的方法[25]。两种ASTM国际标准试验方法（ASTM D6248和ASTM F2381）使用傅里叶变换红外光谱（FTIR）监测辐照PE（最好是高结晶度HDPE）中的乙烯基转移（图8.5）。与其他薄膜相比，PE的优势在于它本身是非常惰性的，可以制成薄膜或具有非常精确尺寸的模制样品。FTIR还可用于指示油墨、涂料、胶黏剂以及复合基质中丙烯酸酯单体和低聚物的固化和交联程度[25]。关于这个问题的更多细节见参考文献[25]。

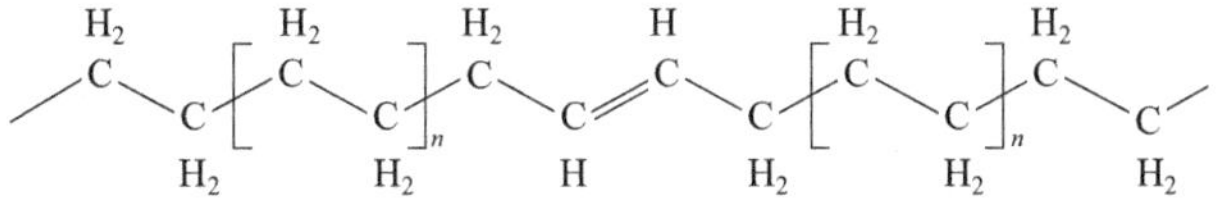

图8.5 辐照聚乙烯中的乙烯基转移

## 8.2 实时监测器

实时监测器是用于评估电离辐射过程的设备，可以实时显示产品的剂量以及 EB 的能量。此外，如果安装了多个探测器，它们可以在网上显示剂量的变化，并提供警报信号，警告操作者高剂量和低剂量条件，并记录加速器的性能，以实现生产控制、质量保证和维护需求。这些实时仪器的主要优点是可以独立地监测电流和束流能量[26,27]。在两种工业高能量、高功率 EB 装置中，开发并评估了一种适用于能量高达 7MeV 的 EB 能量监测设备。在这两种情况下，能量监测装置的使用确保了用一个快速和可靠的工具来控制加速器电子能量的实际值[28]。

在对圆形复合材料中 0.6 ~ 2.0MeV 电子吸收剂量分布的测量和计算的基础上，建立了 EB 辐射中低能电子的电子剂量监测和控制系统。由此开发了一套实用系统，用于在电线电缆的电子束辐射加工中对 0.3 ~ 3.0MeV 电子进行吸收剂量控制和监测[29]。

## 参考文献

[1] McLaughlin WL, Desrosiers MF. Radiat Phys Chem 1995;46(46):1163.

[2] Humphreys JC, McLaughlin WL. IEEE Trans Nucl Sci 1981;NS-28 (2):1797.

[3] ASTM standards E170, E668, E1026, E1204, E1261, E1275, E1276.

[4] Mehnert R, Pincus A, Janorsky I, Stowe R, Berejka A. UV and EB tech-nology and equipment, vol. 1.London/Chichester: SITA Technologies Ltd/John Wiley & Sons;1998.p.107.

[5] Janovsky I, Mehta K.Radiat Phys Chem 1994;43:407.

[6] Mc Laughlin WL, Puhl JM, Miller A. Radiat Phys Chem 1995;46:1227.

[7] Abdel-Fattah AA, Miller A. Radiat Phys Chem 1996;47:611

[8] McLaughlin WL. Radiat Phys Chem 2003;67:561.

[9] Helt-Hansen J, Miller A. Radiat Phys Chem 2004;71:359.

[10] Farah K, Kuntz F, Kadri O, Ghedira L. Radiat Phys Chem 2004;71:337.

[11] Zago rsky Z. P. In: Singh A, Silverman J, editors. Radiation processing of polymers. Munich: Carl Hanser Verlag;1992. p.279.

[12] Brynjolfsson A, Thaarup G. Rep Riso, 53, Denmark: Risø National Laboratory; 1963.

[13] Holm NW, Berry RJ. Manual on radiation dosimetry.New York,NY:Marcel Dekker; 1970.

[14] McLaughlin WL,Walker ML, Humphreys JL. Radiat Phys Chem 1995;46(46):1235.

[15] Miller A, Kovacs A, Kuntz F. Radiat Phys Chem 1995;46(46, Pt. 2):1243.

[16] Mc Laughlin WL, et al. Dosimetry for radiation processing. London:Taylor & Francis; 1989.

[17] Sunaga H. et al. In: Proceedings of the sixth JapanChina bilateral symposium on radiation chemistry. Tokyo, Japan: Waseda University;1994.

[18] Janovsky I, Miller A. Appl Radiat Isot 1987;38:931.

[19] Helt-Hansen J, et al. Radiat Phys Chem 2004;71:353.

[20] Garcia RMD, et al. Radiat Phys Chem 2004;71:375.

[21] Brochure "e-scant Alanine Dosimetry System" . Bruker Biospin,GmbH, <www.bruker-biospin.

com/> [accessed 22.07.12].

[22] Desrosiers MF, et al. Radiat Phys Chem 2004;71:373.

[23] Kova cs A, et al. Radiat Phys Chem 2004;71:327.

[24] Dosimetric techniques, brochure from Kent State University. Middlefield,OH: NEO Beam Alliance Ltd, <http://ebeam@kent.edu/> [accessed30.07.12].

[25] Industrial radiation processing with electron beams and X-rays. Vienna Austria: International Atomic Energy Agency; 2011. p. 52 <www.iaea.org>.

[26] Kneeland DR, Nablo SV, Weiss DE, Sinz TE. Radiat Phys Chem 1999;55:429.

[27] Korenev S, Korenev I, Rumega S, Grossman L. Radiat Phys Chem 2004;71:315.

[28] Fuochi PG, et al. Radiat Phys Chem 2009;78:481.

[29] Zhou X, Zhou Y, Zhou Y, Tang Q. Radiat Phys Chem 2002;63:267.

## 推荐阅读材料

Industrial Radiation Processing with Electron Beams and X-rays. Vienna Austria: International Atomic Energy Agency; 2011 <www.iaea.org>.

Mehnert R, Pincus A, Janorsky I, Stowe R, Berejka A. UV and EB technology and equipment, vol. 1. London/Chichester: SITA Technologies Ltd/John Wiley & Sons; 1998.

Singh A, Silverman J, editors. Radiation processing of polymers. Munich: Carl Hanser Verlag; 1992.

Mc Laughlin WL, et al. Dosimetry for radiation processing. London: Taylor & Francis; 1989.

Holm NW, Berry RJ. Manual on radiation dosimetry. New York, NY: Marcel Dekker; 1970.

Charlesby A. Atomic radiation and polymers. Oxford: Pergamon Press; 1960.

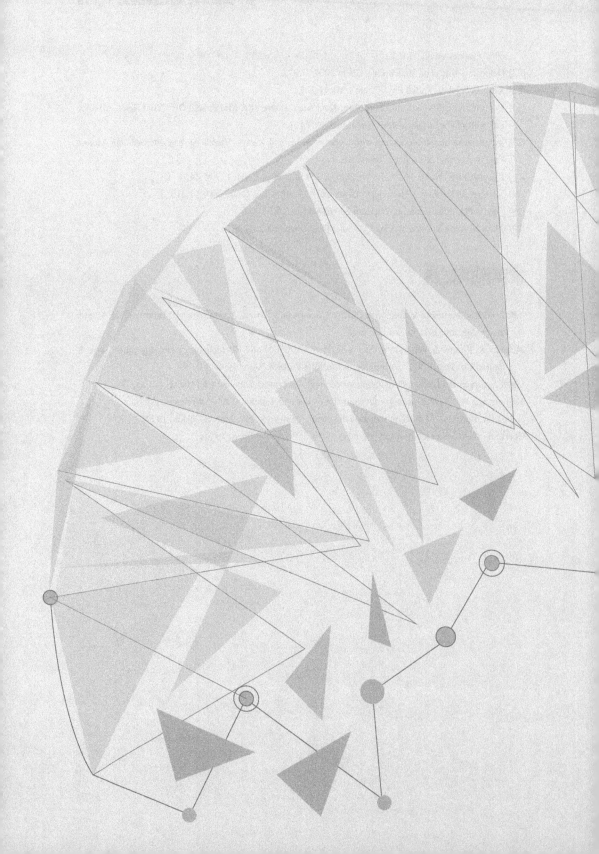

# 9

## 安全与卫生

紫外线（UV）和电离辐射技术已被公认为成功使用低含量或零含量挥发性有机化合物（VOC）的工艺，已经有超过25年的历史。与完全使用有机溶剂和其他挥发性成分的涂料、印刷和胶黏剂的传统工艺相比，这是一个非常重要的优势。然而，与任何工业生产过程一样，由于所使用的装置、程序和原材料，该技术也存在着缺点和一些危险。在紫外线/电子束固化中，这些危险可归因于反应性化学物质、一些挥发物和能源的性质。

EB装置产生两种电离辐射：主要产品是高能电子，次要产品是其与物质相互作用产生的X射线。电离辐射具有破坏性，因为它能够渗透到人体中；γ射线辐射源直接且持续地产生破坏性辐射。因此，它们需要额外的防护屏蔽。

辐射固化液体系统由各种化学成分组成，其中一些可能因其毒性或刺激皮肤或眼睛而构成危险。

## 9.1 电子束装置的安全与健康

如前所述，加速电子的撞击会产生对人体健康有害的X射线。X射线会导致细胞损伤，从而导致癌症或基因突变。即使剂量很小，X射线照射也可能引起皮肤灼烧和全身辐射综合征。

表9.1 最大允许剂量当量

| 身体部位 | 最大剂量当量/rem |
| --- | --- |
| 全身、头部和躯干、活跃的造血器官或性腺 | 1.25 |
| 手和前臂 | 18.75 |
| 全身的皮肤 | 7.5 |

注：1rem=10mSv。

电子束装置制造商提供足够的屏蔽层，屏蔽层的厚度和使用的材料取决于加速电压。通常，1in（25mm）厚的铅屏蔽层能够阻挡任何由300keV

加速器产生的X射线。大多数低电压EB处理器是自屏蔽的，这意味着电子（和X射线）源完全被屏蔽。屏蔽的可拆卸部分必须配备安全联锁，以便在屏蔽层被打开时关闭加速器的高压。EB装置有辐射探测器，如果超过了报警设置[1]，会自动关闭电源。加速电压较高（通常在600keV以上）的装置，需要用混凝土、钢材或它们的组合来建造独立的拱顶房间来封闭装置。美国各州和地方政府都有控制辐射生产装置使用的法规，所有EB装置都必须获得许可。

美国职业电离辐射照射的现行联邦准则见《联邦法规法典》第1910.96部分。它们规定，在产生电离辐射区域工作的人员在任何一个季度期间所受到的剂量当量不得超过表9.1中数值[2]。

在EB装置工作区域工作的员工，必须使用薄膜剂量计来监测电离辐射（主要是X射线）剂量，这种标准剂量计可以检测和量化任何杂散辐射的照射。用人单位必须对劳动者进行充分的设备操作和安全卫生培训，并做好电离辐射照射记录。美国职业安全与卫生管理局（OSHA）有一个涵盖员工辐射暴露的标准：电离辐射（29 CFR 1910.1096），该标准可从美国劳工部官网上获得。

### 9.1.1  个人辐射监测

薄膜剂量计用于监测电离辐射的累积照射剂量，由薄膜和支架组成。这种薄膜是敏感的，一旦显影，曝光区域的光密度增加（即变黑），以响应入射辐射。剂量计通常佩戴在胸部或躯干周围的外部衣服上。

热释光剂量计（TLD）通过测量晶体在探测器中发射的可见光量来测量电离辐射剂量。两种最常见的TLD分别使用氟化钙和氟化锂，前者用于记录γ射线曝光，后者用于记录γ射线曝光和中子照射。

### 9.1.2  辐射监测系统

现有许多专门的辐射监测系统，其中一些是基于微处理器的，通过使用针对各种应用和辐射类型进行优化的探测器来监测辐射。

RAD警报辐射监测器由PCT工程系统公司开发，该公司是一家辐射区域监测单位，能够监测β射线、γ射线和X射线辐射。监测站将测量的辐射水平与高参考水平和低参考水平进行比较。信号丢失报警电路可确保盖革穆勒传感器管、高压电源和检测电路均正常工作。该系统设计用于工业设备制造，如电子束加速器。它是所有宽束设备的标准配置，与所有品牌的低压电子束装置兼容[3]。

## 9.2 γ射线辐射装置的安全与健康

用γ射线辐射源进行辐射加工会对人们（工人和公众）造成额外的潜在危险，因为大量放射性物质被放置在一个地方使用。因此，有必要采取更多更彻底的保护措施。国际原子能机构（IAEA）与若干国际组织合作，发布了电离辐射防护和辐射源安全的基本安全标准（BSS）[4]。2003年，国际原子能机构发表了一份报告，为有意购买和运营工业辐照装置的组织提供了有关工业辐照设施设计和安全操作的指南[5]。该指南满足BSS的要求，以确保在正常操作、维护和退役以及紧急情况下，对工人和公众的辐射照射在规定的限度内，并保持在合理可达到的尽量低水平（ALARA）。

1992年，国际原子能机构发布了另一份安全指南，提供了有关工业辐照装置的设计、操作和管理的设备具体指南[6]。辐照装置制造商遵循符合国家和国际辐射源设计和制造法规的既定程序，如ISO标准2919中的规定[7]。

操作人员和工人在工作时间应佩戴辐射剂量计（徽章），以监测他们接收到的辐射剂量。定期（例如，每2周）读取这些剂量计，以确定剂量计佩戴者接受的剂量。国际原子能机构与多个国际机构合作，根据国际放射防护委员会（ICRP）的建议[8]，制定了关于工人可接受辐射剂量安全限值的准则[4]。

## 9.3 化学有害物质

在EB固化中使用的材料主要在与皮肤和眼睛的接触中产生危险，以及在较低程度上的意外摄入。在使用喷雾设备的某些作业中，有吸入挥发性物质的可能性。

众所周知，丙烯酸酯类单体和低聚物是皮肤和眼睛的刺激物。即使它们不会立即造成刺激，也可能在较长时间的接触下使人致敏并引起过敏反应[9]。此外，它们的危险性比普通溶剂低得多（表9.2）。

表9.2　EB固化体系与普通溶剂的毒性和其他性能比较

| 化学品 | 闪点/℉② | 挥发性有机化合物VOC | 有害废物 | 全身性皮肤刺激物 | 毒性 | 生殖影响 |
|---|---|---|---|---|---|---|
| TMPTA① | >212 | 否 | 否 | 是 | 否 | 否 |
| 低聚物 | ≫212 | 否 | 否 | 可能 | 否 | 否 |
| 涂料用石脑油 | <0 | 是 | 是 | 是 | 是 | 否 |
| 甲苯 | 40 | 是 | 是 | 是 | 是 | 是 |
| 二甲苯 | 100 | 是 | 是 | 是 | 是 | 是 |
| 1-丁醇 | 100 | 是 | 是 | 是 | 是 | 是 |

① 三羟甲基丙烷三丙烯酸酯。
② $t_C$/℃ =5/9 ($t_F$/℉ −32)，$t_C$为摄氏温标示值，$t_F$为华氏温标示值。

　　在生产环境中处理这些化学品时，对人员的保护有很多方面。首先，他们必须通过仔细阅读所使用的每种材料的材料安全数据表（MSDS）来了解所涉及的危险。这些资料必须由化学品的制造商或供应商提供，并且必须让工作人员随时可以查阅。MSDS不仅告知危险性，而且还建议正确的处理方法、使用的个人保护类型、处理泄漏的方法以及紧急联系人等。

　　应使用手套（最好是丁腈橡胶或丁基橡胶）、靴子和长袖衣服保护皮肤。为了保护眼睛，在处理液体化学品时，带侧护板或防溅护目镜的安全眼镜是最佳选择。如果使用喷雾设备，可能需要适当的呼吸保护。如果发生与化学品接触的情况，受影响区域必须立即用肥皂和水清洗，不应使用溶剂。在极端情况下，可能需要适当的医疗帮助。工作场所必须有足够的通风。应安装通用和局部排气系统，以清除操作中可能出现的蒸汽和气溶胶。如果工程控制不充分，可能需要使用呼吸器。如果该产品在环境或高温下是稀薄的液体，可能会飞溅，则可能需要戴上面罩。

在欧盟，采取了一项非常全面的举措，目的是更好地保护人类健康和环境免受化学品危害，并提高欧盟化学品工业的竞争力。它被称为REACH（EC 1907/2006），是化学品注册、评估、授权和限制的首字母缩写。REACH要求工业界承担更大的责任，以管理化学品风险，并向专业用户提供适当的安全信息，就最危险的物质而言，也向消费者提供适当的安全信息。新物质在投放市场之前必须进行注册。REACH于2007年6月1日生效，并在之后的十年中逐步实施[10]。毫无疑问，它对UV/EB行业产生了显著影响。

## 参考文献

[1] Golden R. RadTech Rep 1997;11(3):13.

[2] UV/EB curing primer 1. 4th ed. Northbrook, IL: RadTech International North America, vol. 57; 1995.

[3] RAD Alert Radiation Monitor, Model RAD3005. PCT Engineered Systems LLC, 2006.

[4] International basic safety standards for protection against ionizing radiation and for the safety of radiation sources, safety series no. 115. Vienna,Austria: International Atomic Energy Agency; 1996, www.iaea.org..

[5] Practice specific model regulations: radiation safety of non-medical irradiation facilities, IAEA-TECDOC-1367. Vienna, Austria: International Atomic Energy Agency; 2003 ,www.iaea.org..

[6] Radiation safety of gamma and electron irradiation facilities, safety series no. 107. Vienna, Austria: International Atomic Energy Agency; 1992 ,www.iaea.org..

[7] Radiation protection—sealed radioactive sources—general requirements and classification, ISO 2919. Geneva: International Organization for Standardization; 1998.

[8] Recommendations of the ICRP, publication no. 60. Oxford and New York: International Commission on Radiological Protection, Pergamon Press; 1991.

[9] Bean AJ, Cortese J. FLEXO 2000;25(7):37.

[10] European Commission, Joint Research Centre, Institute for Health and Consumer Protection; 2009.

## 推荐阅读材料

Practice specific model regulations: radiation safety of non-medical irradiation facilities, IAEA-TECDOC-1367. Vienna, Austria: International Atomic Energy Agency; 2003.

Radiation protection—sealed radioactive sources—general requirements and classification. ISO 2919. Geneva: International Organization for Standardization; 1998.

International basic safety standards for protection against ionizing radiation and for the safety of radiation sources, safety series no. 115. Vienna, Austria: International Atomic Energy Agency; 1996.

UV/EB curing primer 1. 4th ed. Northbrook, IL: RadTech International North America; 1995.

Radiation safety of gamma and electron irradiation facilities, safety series no.107. Vienna, Austria: International Atomic Energy Agency; 1992.

Recommendations of the ICRP, publication no. 60. Oxford and New York: International Commission on Radiological Protection, Pergamon Press, 1991.

# 10

## 技术现状及发展趋势

我们的现代生活方式对聚合物的要求越来越高：更高的使用温度，更好的加工，更好的物理和力学性能，提高在恶劣条件下的抗老化能力，以及在完成包装功能后分解，等等。此外，它们不应该对环境产生不利影响。显然，所有这些要求都不能由一种或少数几种单独的材料或其混合物来满足。有成千上万种具有特定物理和力学性能的聚合物，不仅可以通过混合填料、增塑剂和大量的添加剂对其进行改性，还可以通过多种加工技术进行改性。

其中一种加工技术是用离子射线辐射聚合物和聚合物体系。如本书所叙，辐射技术可以深刻改变聚合物和聚合物体系的性质，通常与传统工艺相比，有更少的能源需求，对环境的影响也更小。

当今行业的主要驱动因素比以往任何时候都更多地基于降低成本、减少能耗和环境问题。辐射技术在过去几十年里一直在增长的经济主要组成部分是：

·汽车应用（汽车塑料和复合材料、绝缘电线电缆、涂料、保护涂层、胶黏剂和燃料电池）；

·电子、电气设备和电器（电线和电缆、热缩管、显示器、保形涂层、胶黏剂、磁性介质、光纤和电池隔膜）；

·航空航天和军事应用（电线和电缆、先进复合材料、火箭部件、维修材料和标记）；

·医疗和卫生保健（涂层、胶黏剂、传感器和探针、假肢、生物医学产品、辐照治疗、水凝胶、医疗器械和用品灭菌）；

·房屋和建筑（木材结构、层压板、复合材料、管道、电线和电缆、显示器和光纤）；

·消费品（包装热缩薄膜、标签、显示器、CD 和 DVD）。

## 10.1　当前装置与化学领域的新进展和趋势

在过去的几年里，发展装置和化学反应的主要驱动因素是降低成本、减少能耗和环境问题［可持续性、"绿色"原材料、减少挥发性有机化合物（VOC）、降低毒性、降低气味、减少缺陷和制造废料］。

公司在其商业决策中越来越多地考虑可持续发展[1]。

与热固化相比，辐射技术有几个可持续性发展的特点：

- 减少了能源的使用；
- 工作场所安全；
- 减少对溶剂的使用或不使用溶剂；
- 减少化石燃料的使用，减少温室气体的排放；
- 由于减少或消除了溶剂的消耗，因此降低了运输成本、安全措施和回收系统成本；
- 可回收的油墨、涂料和废品。

这些特征对绩效和经济回报有积极影响，此外还带来了巨大的环境效益。

### 10.1.1  装置的新进展和趋势

在撰写本文时，电子束装置的最新发展大多集中在低能系统上。这些系统通常在大约 70 ～ 150kV 的范围内运行。这种设备非常适用于包装印刷中油墨和涂料的固化，也可以解决各种非印刷转换应用。

### 10.1.2  超低能电子束系统

新的应用要求更小、更高效的系统，且可以直接集成到现有和新的工艺线中。设备制造商正通过开发新设计来响应这些要求，其中之一是超低能电子束系统，其加速电压范围为 15 ～ 25kV，可以直接安装到真空涂层室[1]。此类装置的应用包括固化涂层，即真空沉积或辊涂在真空室内薄板上，能与真空通常为 $10^{-5}$Torr 下的金属化相结合。在 $10^{-15}$ Torr 真空中、15kV 下运行的电子束装置的蒙特卡罗模拟生成的深度/剂量曲线表明，电子可以穿透高达 $4g/m^2$ 的涂层，即密度为 $1.0g/cm^3$ 的涂层厚度为 $4\mu m$。

### 10.1.3  低入口系统

针对柔性包装市场的印刷机技术的进步为电子束系统提供了更多的机遇。一种重要的包装印刷技术是在轮转胶印机上使用可变的套筒，这种类型的印刷机要求电子束系统接受较低的卷筒入口高度。

卷筒的高度也会随着套筒直径的变化而变化。最新的电子束系统设计适应这些卷筒处理要求，并保持"侧面加工"的方向。这种设计的小尺寸也便于从 24in（600mm）的印刷机出口高度对现有生产线进行更容易的改造[1]。该设计的示例如图 10.1 所示。

### 10.1.4 集成屏蔽辊

专利（US8106369 PCT工程系统有限责任公司）[2]设计使用温度控制的辊来支撑材料，同时具有电子束加工装置[1]所需的部分屏蔽功能。辊筒准确地安装在匹配的表面上（图10.2）。其结果是减少所使用材料的尺寸和数量，使必须注入的氮气容积最小化，并易于产品穿过和清洗。裸露的辊筒表面也非常适合集成其他工艺，如涂层头、挤出机和夹紧辊。

### 10.1.5 基于密封管加速器的电子束系统

密封管电子束加速器已经在行业中使用了很多年，在可靠性和配置方面的最新进展现在允许这些加速器应用于更多的工业应用。将这些加速器集成到适当的屏蔽配置中，可以处理各种各样的材料，包括卷材、平面材料和三维物体。最近开发的密封管加速器宽16in（400mm），允许以100m/min（30kGy剂量）的速度进行加工，电压为90～180kV[3,4]。图10.3显示了该加速器的一个型号的示例。

基于密封管加速器电子束系统的卷材应用程序包括窄幅轮转印刷、涂层和交联。窄幅轮转印刷的潜在应用包括：

- 厚和/或高密度油墨层的固化；
- UV油墨的补充固化；
- 用于食品包装的电子束油墨和涂料的固化；
- 电子束胶黏剂层压；
- 电子束冷箔转移。

该加速器的一些应用如图10.4所示。

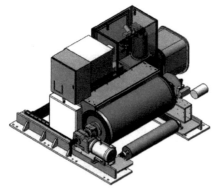

图10.1 低入口电子束系统的示意图　　图10.2 集成屏蔽辊的细节信息

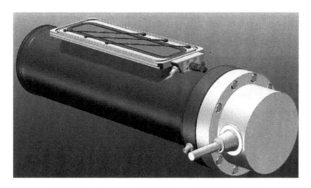

图10.3　Comet电子束加速器EBA-200

　　此外，还开发了窄幅轮转印刷系统（见下文），包括上述密封管加速器和集成屏蔽辊[1]。密封管加速器的另一种配置允许三维辐照[1]。

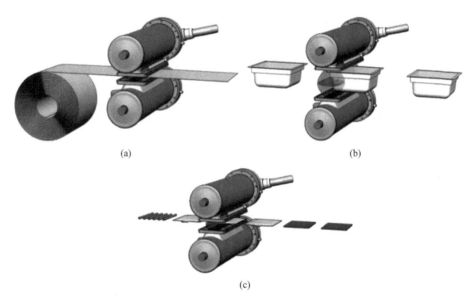

(a)　　　　　　　　　　　　　　(b)

(c)

图10.4　70～100kV足以辐照油墨或表面灭菌（a）、100～200kV足以辐照非平面或穿透高达200μm物体（b）和200～300kV允许在水中的穿透深度高达1mm（电子束上下对照）（c）（图片由Comet公司提供）

## 10.1.6　四合一软包装生产线

　　最近❶开发的"四合一系统"是一条软包装生产线，它由在一个装饰性涂层印刷机上的四个部分组成，使用集成的屏蔽辊[5]主要有以下应用：

---

　　❶ 译者注：该时间为本书撰写时，早于2013年。

·涂层；

·层压；

·冷箔转移；

·铸型和固化（Cast and Cure™）。

铸型和固化系统是一种集铸型和固化为一体的环保装饰工艺，它可以在多种基底上工作，能够产生超高光泽、哑光或全息特性。该系统如图10.5所示。

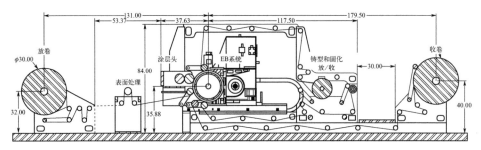

图10.5　"四合一系统"带集成屏蔽辊的装饰产品生产线

（图片由PCT Engineering Systems公司提供）

该系统的一个主要优点是减少了传统全息工艺中使用的层压金属化薄膜，使包装更易于回收。该薄膜可以多次重复使用。

### 10.1.7　化学的新进展和趋势

① 与EB/UV固化有关的化学方面的持续发展已使涂料、胶黏剂和油墨中的VOC大量减少或完全消除，以及使用没有VOC的工艺。

② 促进可持续发展的研究目标是开发和利用可再生的低聚物进行辐射固化，如丙烯酸大豆油、丙烯酸蔗糖和丙烯酸四氢糠醛在涂料中的应用[6]。

③ 一篇发表的文章详细讨论了生物可再生碳（BRC）含量（%BRC）的概念。

%BRC=（可再生生物碳原子数/总碳原子数）×100%

并介绍了BRC含量为50%至近90%的丙烯酸单体和低聚物的例子，以及每个分子中2～12个丙烯酸酯基团的功能[7]。

④ 利用4-异丁基苯基-4′-甲基苯基碘甲酸六氟磷酸盐（巴斯夫公司的光引发剂250）开发了一种新的EB引发阳离子（原文为负离子）固化体系；阳离子固化不需要氮氛围。该系统降低了装置运行成本，因为不需要持续地吹氮气[8]。

⑤ 大气等离子体处理（APP）是在一定气氛下将氮基化学功能接枝到基底表面的一种方法。经APP处理的聚烯烃薄膜表面，如双向拉伸聚丙烯薄膜（BOPP），与EB/UV印刷油墨和透明涂层具有良好的附着力，从而消除了对印刷接受性底漆的需求[9]。

⑥ 基于活性丙烯酸酯的PSA能量固化液体体系是传统溶剂型改性橡胶黏剂的有吸引力的替代品。除了具有快速固化率外，它们在环境上也更容易被接受。该体系中的低聚物是以脂肪族聚氨酯丙烯酸酯为主的单官能和双官能丙烯酸酯低聚物的组合。它们有助于粘接，通常具有高分子量和较低的 $T_g$，以便在室温下获得适当的弹性体行为。选择适当的单体作为活性稀释剂，有助于生成合适的液体配方黏度和固化胶黏剂交联密度。用于液体PSA体系的增黏树脂通常是 $C_5$ 或 $C_9$ 烃树脂，它们通常比低聚物具有更低的分子量和更高的 $T_g$[10]。

## 10.2 工艺技术的新进展和趋势

① 印刷业及其重要性正在迅速变化，其中很大一部分现在使用电子技术。只有包装印刷部门在增长，它成为印刷技术可持续发展的关键市场[11]。经济和环境压力极大地影响着包装印刷业，最明显的是从溶剂型和水性油墨和涂料到无VOC和水的反应性介质的转变。这种油墨和涂层只能通过辐射固化（即暴露于紫外线或电子束）来"干燥"。这两种方法都非常快，在光引发剂的存在和灯产生的热量无关紧要的情况下，紫外线固化是成功的。因此，紫外线固化不能用于食品包装，光引发剂迁移到食品上是不允许的。同样地，一些塑料薄膜也不能承受来自灯具的热量。因此，在这些情况下，印刷和装饰包装材料的其他方法是使用电子束固化油墨[12]。

② 在过去的几年中，加速电压在80～120kV范围内的低能电子束加速器已被人们接受，主要用于包装，并逐渐渗透到其他市场。目前（撰写本文时），低能电子束加速器常被用于印刷领域，在版画印刷行业，它们正在取代紫外线固化装置，并在轮转胶印中应用。在柔性版印刷中，电子束固化油墨取代了水性和溶剂型油墨[12]。由于加速电子的更大穿透力，可以固化多重着色和着色较厚的油墨层和涂层。电子束固化可以只在一个电子束工位上对印刷线末端的几层油墨进行湿对湿固化。低能电子束系统成功应用的另一个领域是凹版和柔性版印刷材料上的套印清漆和高光泽漆的固化，

以及用电子束固化清漆代替薄膜层压板。此外，低能系统还可用于装饰层压板的涂层固化[13]。

③ 评估了快速检测带式剂量计，以确定低能量电子束加速器在固化涂层、油墨、层压胶黏剂和薄膜交联方面的剂量。这些检测带是涂有电子束敏感变色系统的薄膜带，用远东技术（FWT）尼龙辐射变色薄膜剂量计校准。曝光后，显影4～8h，由β-彩色阅读器读取剂量计的颜色变化。它们可用于电压在80～125kV范围内的低压电子束加速器的现场评估。研究中获得的结果与FWT-60辐射变色尼龙剂量计结果误差在5%以内[14]。

④ 研制了一种新型薄膜剂量计，该剂量计以75μm低密度聚乙烯（LDPE）膜为载体。该剂量计对低于约10kGy的EB辐射水平敏感。此外，它还对表面氧浓度敏感，并可提供范围内的惰性气体测量，因为它会影响EB油墨和涂层的固化。这种系统可用于确保EB油墨和涂层的良好固化[15]。

## 10.3 其他新进展和趋势

### 10.3.1 用于乙醇/生物燃料生产的纤维素降解

将纤维素和糖（包括甘蔗渣）转化为乙醇或生物燃料，将避免使用玉米和其他也可作为食品或用作动物饲料的农产品。这些可再生资源的常规分解产生污染水和有害毒素，干扰发酵。电子束预处理有助于这些原料酶促转化为酒精[16-18]。

### 10.3.2 用于造纸和黏胶生产的纤维素降解

该工艺的大规模试验表明，木屑中纤维素的电子束降解可以提高纸业或黏胶纤维生产的溶出率。这项技术还没有商业化。

### 10.3.3 辐照回收城市垃圾

用电子束辐照由24% LDPE、23% HDP、21% cis-PP、15% PS和17% PET组成的再生聚合物的混合物，剂量最高为300kGy，并添加10%质量比的苯乙烯丁二烯与马来酸酐接枝的苯乙烯嵌段共聚物（SBS-g-MA）作为增溶剂。SBS-g-MA含有1.7%的MA和30%的苯乙烯。通过测量由上述共混物制备的复合材料的简支梁冲击强度和拉伸冲击强度来评估辐照的效果。

结论是，当辐照剂量超过100kGy时，具有SBS-g-MA的复合材料显示出令人满意的冲击强度值，并且该工艺简单、成本低廉[19]。

## 参考文献

[1] Thompson TW. Advances in low-energy electron beam equipment technology. Paper presented at the RadTech UV&EB. Chicago, IL; April30May 2, 2012.

[2] Drenter J. U.S. patent 8106369 (March 10, 2012) to PCT Engineered Systems, LLC.

[3] Haag W. New generation electron beam emitter and laboratory unit. Paper presented at the RadTech Europe. Basel, Switzerland; October 1820, 2011.

[4] Haag W. Sealed electron beam for use in narrow web curing, sterilization and laboratory applications. Paper presented at the RadTech UV&EB. Chicago, IL; April 30May 2, 2012.

[5] Swanson KE. 4-in-1 Package decorating system: new EB converting equipment to enhance packaging materials. Paper presented at the RadTech UV&EB. Chicago, IL; April 30May2, 2012.

[6]Chen Z, et al. RadTech Rep 2011;25(1):32.

[7]PCI (Paint & Coating Industry) Digital Edition; January, 2011, http:// www.pcimag.com

[8]Lapin S. Electron beam-activated cationic curing. Paper presented at the RadTech UV&EB. Chicago, IL; April 30May2, 2012.

[9]Cocolios P, Lapin S. Atmospheric plasma processing of film substrates for enhanced adhesion of EB curable inks and clear coats. Paper presented at RadTech Europe 11; October 1820, 2011 [in Basel, Switzerland].

[10] Julian N, Cavalie H, Me las M. Emphasis on UV/EB curable acrylate-based adhesives. Paper presented at the RadTech Europe 11; October 1820, 2011 [in Basel, Switzerland].

[11] Laksin M. Electron beam in packaging: current and future trends. Paper presented at the RadTech UV&EB. Chicago, IL; April 30May 2, 2012.

[12] Laksin M, Chatterjee S. U.S. patent 7997194 (August 16, 2011) to Ideon, LLC.

[13] Läuppi UV, Rangwalla I. Low-voltage electron beam curing—an update. Paper presented at the RadTech Europe 11; October 1820, 2011 [in Basel, Switzerland].

[14] Grinewich O, Mejiritski A, La uppi UV, Rangwalla I, Swain M. Quick and easy way to characterize low-voltage (60 to 125 kV) accelerator susing fast check strips. Paper presented at the RadTech Europe 11; October 1820, 2011 [in Basel, Switzerland].

[15] Lapin S. Oxygen sensitive electron beam dosimeters for measuring web surface inerting efficiency. RadTech Rep 2012;26(1):34.

[16] Industrial Radiation Processing with Electron Beams and X-rays. Vienna, Austria: International Atomic Energy Agency; May 1, 2011. p. 78.

[17] Duarte CL, et al. International meeting on radiation processing, IMRP 2008, London, UK; September 2008.

[18] Cardoso WM, et al. 8th International symposium on ionizing radiation and polymers. Brazil: Angra dos Reis, Rio de Janeiro; October 2008.

[19] Żienkewicz M, Dzwonkowski J. Polym Test 2007;26:903.

# 附　录

## 附录 I　主要的电子束装置制造商

| 制造商 | 产品 |
| --- | --- |
| 巴德克核物理（BINP）研究所 | 中、高能EB装置，X射线辐照装置 |
| Comet公司 | 紧凑型EB装置、实验室装置、X射线装置 |
| Corex | 3～15MeV带扫描盒的电子加速器 |
| Elektron Crosslinking公司 | EB装置、剂量测量装置、实验室装置 |
| 能源科学公司 | 低、中能EB装置，实验室装置 |
| IBA Industrial | 低、高能EB和X射线辐照装置 |
| Mevex | 定制EB装置 |
| NHV公司 | EB和X射线辐照装置，束扫描和束区域设计 |
| PCT Engineered Systems公司 | 中、低电压EB装置 |
| Steigerwald Strahltechnik股份有限公司 | EB装置主要为焊接、钻孔和研究 |
| 美国Ushio | 实验室EB装置 |
| Wasik联合公司 | 交钥匙EB加工系统 |

## 附录 Ⅱ　电离辐射标准和规范

Ⅱ.1　ASTM

ASTM C637：辐射屏蔽混凝土用骨料的标准规范。

ASTM C1321：建筑物内部辐射控制涂层系统的安装和使用的标准规程。

ASTM D4082：γ辐射对核电厂用涂料影响的标准试验方法。

ASTM D7767：测量辐射固化丙烯酸酯单体、低聚物及其混合物和薄涂层中挥发物的标准试验方法。

ASTM E170：辐射测量和剂量学术语。

ASTM E668：测定电子装置抗辐射性试验中吸收剂量用的热释光剂量计（TLD）的应用规程。

ASTM E1026：使用 Fricke 参照标准剂量测量系统的标准使用方法。

ASTM E2232：辐射加工中计算吸收剂量的数学方法选择和使用的标准指南。

ASTM E2303：辐射加工装置中吸收剂量图的标准指南[1]。

ASTM E2628：辐射加工中剂量测定的标准实施规程[2]。

ASTM D2701：辐射加工用的剂量计和剂量计系统性能特性的标准指南[3]。

Ⅱ.2　ISO/ASTM

ISO/ASTM 51204：食品加工用γ辐照装置的剂量测定实施规程。

ISO/ASTM 51261：辐射加工剂量测量系统选择和校准导则。

ISO/ASTM 51275：辐射变色膜剂量测量系统的标准操作规程。

ISO/ASTM 51276：聚甲基丙烯酸甲酯剂量测量系统使用的标准实践。

ISO/ASTM 51539：辐射敏感性指示计使用指南。

ISO/ASTM 51702：用于辐射加工的γ辐照装置中剂量测量的标准操作规程。

ISO/ASTM 51707：辐射加工剂量测量不确定度评定导则。

Ⅱ.3　剂量学的其他资源

剂量设定方法的剂量学方面的指导说明，γ和电子束辐照专题讨论会，伦敦，英国（1997）。

Sharpe, P. and Miller, A., Guidelines for the Calibration of Dosimeters for Use in Radiation Processing, National Physical Laboratory, Teddington, UK (1999)

P. Sharpe 和 A. Miller，辐射加工用剂量计校准指南，英国特丁顿国家物理实验室（1999）。

---

[1] 已被 ISO/ASTM 52303-2015 替代。

[2] 已被 ISO/ASTM 52628 替代。

[3] 现已废止。

## 附录 Ⅲ　照射量单位、吸收剂量和转换

1. 照射量

γ射线电离能力的量度被称为照射量。

· 库仑/千克（C/kg）是电离辐射照射量的国际标准（SI）单位，是指在1kg物质内产生1库仑电荷所需的辐射量。

· 伦琴（R）是一种早期的传统照射量单位，它表示在标况下1cm$^3$的干燥空气中产生的正、负离子电荷各为1静电单位所需的辐射量，1R=2.58×10$^{-4}$C/kg。

2. 吸收剂量

然而，伽玛辐射和其他电离辐射对活体组织的影响与能量沉积的量比电荷更密切相关，这叫做吸收剂量。

· 戈瑞（Gy），1Gy=1J/kg，是吸收剂量的SI单位，是指在1kg的任何物体中沉积1J能量所需的辐射量。

· 拉德（rad）是对应的传统剂量单位（不再使用），相当于每kg物体中沉积0.01J能量所需的辐射量。1rad=10$^{-2}$Gy。吸收剂量的实用单位是kGy。

3. 等效剂量

等效剂量是衡量辐射对人体组织的生物效应。对于γ射线来说，它等于吸收的剂量。

· 希沃（Sv）是等效剂量的SI单位，对于γ射线来说，它在数字上等于戈瑞（Gy）。

· 雷姆（rem）是传统的等效剂量单位。对于γ射线来说，它等于1kg物质所沉积的1rad或0.01J的能量（0.01Gy），1rem=10mSv。

## 附录Ⅳ 相关公式

1. 朗伯 - 比尔定律（Lambert-Beer law），表示辐射强度随穿透深度的增加而减小：

$$I_t = I_0 e^{-at}$$

式中，$I_t$ 为通过厚度 $t$ 后的辐射强度；$I_0$ 为初始强度；$a$ 为线性吸收率系数。

2. 查尔斯比 - 平纳方程（Charlesby-Pinner equation），用来确定辐照聚合物可溶性部分的交联度和裂解度：

$$s + s^{1/2} = p_0/q_0 + 1/q_0 D u_1$$

式中，$s$ 为可溶性分数；$p_0$ 为单位剂量的裂解密度；$q_0$ 为单位剂量的交联密度；$D$ 为吸收剂量，kGy；$u_1$ 为数均聚合度。量 $p_0/q_0$ 代表链式裂解与交联的比率。

3. 一种表示电子与它们的能量的经验关系

格伦（Grun）提出了一种经验关系式，表示电子的能量与其穿透深度的关系：

$$R_G = 4.57 E_0^{1.75}$$

式中，$R_G$ 是格伦射程，μm；$E_0$ 为能量，keV。

交联密度可以由膨胀的程度用以下方程计算出来。

4. 弗洛里 - 雷纳方程（Flory-Rehner equation），用来由膨胀程度计算交联密度：

$$N = \frac{1}{2V_s} \times \frac{\ln(1-\phi) + \phi + \chi\phi^2}{\phi^{1/3} - \phi/2}$$

式中，$N$ 是每单位体积的交联物质的量（交联密度）；$V_s$ 是溶剂的摩尔体积；$\phi$ 是溶胀凝胶中聚合物的体积分数；$\chi$ 是聚合物 - 溶剂相互作用参数。

5. 门尼 - 里夫林方程（Mooney-Rivlin equation），用于计算由平衡应力 - 应变测量得到的交联密度：

$$\sigma/2\,(\lambda - \lambda^{-2}) = C_1 + C_2/\lambda$$

式中，$\sigma$ 是工程应力（单位原始截面积的力）；$\lambda$ 是拉伸比（测量长度与原始长度之比）；$C_1$，$C_2$ 为常数。

6. 在被照射材料中的沉积能量会导致温度上升（$\Delta T$），它取决于吸收的剂量和被照射材料比热容。

$$\Delta T = 0.239 D/c$$

式中，$D$ 是吸收的剂量，kGy；$c$ 是被照射材料的比热容，J/（kg·℃）。

7. 产品的交联密度（$1/M_c$）与吸收的剂量（$D$）和初始原生质含量（$c_0$）成线性比例关系。

$$1/M_c = (A + K c_0)\,D$$

式中，$A$ 和 $K$ 是常数；常数 $K$ 取决于具体的不饱和度。

8. 吞吐率（$M/t$），为质量 / 时间。

$$M/t = 3.6 \times P \times f/D \ （tons/h）$$

式中，$P$ 是束功率，kW；$D$ 是所需剂量，kGy；$f$ 是利用效率。

9. 传递的剂量＝剂量率 / 生产线速度。

剂量率单位为 Gy/s。

10. 传递的剂量＝产率因子×束流 / 生产线速度，用于表征电子辐照装置的固化性能。它是一个常数，与传递的剂量、束流和生产线速度有关。产率因子的单位为 kGy·m/min /mA。

11. 剂量 - 速度能力＝传递的剂量×生产线速度

在通常的 EB 操作中，剂量 - 速度能力是以 10kGy 为单位测量的。这是一个最方便的单位，它将电子辐照装置的固化性能与所需的工艺参数（如剂量和生产线速度）联系起来。

## 附录 V 绿色化学12条原则

1. 与其在废物形成后进行处理或清理，不如防止废物产生。

2. 合成方法的设计应能最大限度地将工艺过程中使用的所有材料转化为最终产品。

3. 只要可行，合成方法应尽可能使用和产生对人类健康和环境几乎没有毒性的物质。

4. 化学产品的设计应保持功能的有效性，同时减少毒性。

5. 应尽可能避免使用辅助物质（溶剂、分离剂等），且使用时应无害。

6. 应认识到能源需求对环境和经济的影响，并应将其降至最低。合成应在环境温度和压力下进行。

7. 在技术和经济可行的情况下，原材料应该是可再生的，而不是消耗型。

8. 不必要的衍生化（阻断基团、保护和去保护、临时改变物理和化学过程）应尽可能避免。

9. 催化试剂（尽可能有选择性）优于化学试剂。

10. 化学产品的设计应使其在功能结束后不会在环境中持续存在，并分解为无害的降解产物。

11. 需要进一步发展分析方法，以便在有害物质形成之前进行实时、过程中的监测和控制。

12. 应选择化学过程中使用的物质和物质的形式，以尽量减少发生化学事故的可能性，包括泄漏、爆炸和火灾。

# 书　目

　　下面是一个书籍清单，可以提供关于辐射科学和技术的各种主题的额外且通常详细的信息。它们是按时间顺序排列，且已使这份清单尽可能完整。

Makuuchi K, Cheng S. Radiation processing of polymer materials and its industrial applications. Hoboken, NJ: John Wiley & Sons; 2012.

Industrial radiation processing with electron beams and X-rays. Vienna, Austria: International Atomic Energy Agency; 1 May 2011. www.iaea.org.

Gamma irradiators for radiation processing. Vienna, Austria: International Atomic Energy Agency. www.iaea.org.

Drobny JG. Radiation technology for polymers. 2nd ed. Boca Raton, FL:CRC Press; 2010.

Läuppi UV. EB/UV/γ一terms (EnglishGerman and GermanEnglish Dictionary). Hannover: Vincentz Network; 2003.

L'Annunziata M, Baradei M. Handbook of radioactivity analysis. Waltham, MA; Academic Press; 2003.

Koleske JV. Radiation curing of coatings. West Conshohocken, PA: ASTM International; 2002.

ASTM standards related to testing of radiation-cured coatings.Conshohocken, PA: ASTM International; 2001 [on CD-ROM].

Davidson RS. Exploring the science, technology and applications of UV and EB. London: SITA Technology Ltd; 1999.

Mehnert R, Pincus A, Janorsky I, Stowe R, Berejka A. UV & EB technology & equipment, vol. 1. Chichester, London, UK: John Wiley & Sons Ltd, SITA Technology Ltd; 1998.

Garrat PG. Strahlenha rtung. Hannover: Vincentz Verlag; 1996. p. 61 [In German].

Clough RL, Shalaby SW, editors. Irradiation of polymers, fundamentals and technological applications, ACS Symposium Series 620. Washington, DC: American Chemical Society; 1996.

Rechel C, editor. UV/EB curing primer: inks, coatings and adhesives.Northbrook, IL: RadTech International; 1995.

Mehnert R. Radiation chemistry: radiation induced polymerization. In: Ullmann's encyclopedia of industrial chemistry, vol. A22. VCH: Weinheim; 1993.

Singh A, Silverman J, editors. Radiation processing of polymers. Munich: Carl Hanser, Verlag; 1992.

Pappas SP, editor. Radiation curing science and technology. New York, NY: Plenum Press; 1992.

Clegg DW, Collyer AA, editors. Irradiation effects on polymers. London: Elsevier; 1991.

Clough RL, Shalaby SW, editors. Radiation effects on polymers, ACS Symposium Series 475. Washington, DC: American Chemical Society; 1991.

Farhataziz AM, Rodgers MAJ. Radiation chemistry. Weinheim: VCH; 1990.

McLaughlin WL, Chadwick KH, McDonald JC, Miller A. Dosimetry for radiation processing. London: Taylor & Francis; 1989.

Taniguchi N, Ikeda M, Miyamoto I, Miyazaki T. Energy-beam processing of materials. Oxford: Clarendon Press; 1989.

Bly JH. Electron beam processing. Yardley, PA: International Information Associates; 1988.

Randell DR, editor. Radiation curing of polymers. London: Royal Society of Chemistry; 1987.

Humphries S. Jr. Principles of charged particle acceleration. New York, NY: John Wiley & Sons; 1986.

Bradley R. Radiation technology handbook. New York, NY: Marcel Dekker; 1984.

Schiller S, Heisig U, Panzer S. Electron beam technology. London: John Wiley & Sons; 1983.

Kase KR, Nelson WR. Concepts of radiation chemistry. New York, NY: Pergamon Press; 1978.

Dole M, editor. Radiation chemistry of macromolecules. New York, NY:Academic Press; 1974.

Wilson JE. Radiation chemistry of monomers, polymers and plastics.New York, NY: Marcel Dekker; 1974.

Dole M, editor. Radiation chemistry of macromolecules, vols. 1 and 2.New York, NY: Academic Press; 1972, 1973.

Holm NW, Berry RJ. Manual on radiation dosimetry. New York, NY: Marcel Dekker; 1970.

Chapiro A. Radiation chemistry of polymeric systems. New York, NY: WileyInterscience; 1962.

Charlesby A. Atomic radiation and polymers. London: Academic Press; 1960.

# 术 语 表

**A**

abatement (technology) 减排（技术）：旨在消除或减少危险废物、环境排放或设施排放量的各种工艺和方法（例如，焚化炉）。

abrasion 磨损：由于摩擦力而造成的材料的表面损失。

abrasion resistance 耐磨性：抗磨损损失的倒数。

absorbed dose 吸收剂量：受辐射材料单位质量吸收的能量。

absorptivity (or absorption coefficient) 吸收率（或吸收系数）：单位厚度介质的吸收度。

accelerator 1.加速器：通过施加电力和/或磁力来产生电子或质子等高能基本粒子束的装置。2.橡胶混合成分，与硫化剂一起少量使用，以提高基础弹性体的硫化（交联）速度。

addition polymerization 加成聚合：一种聚合类型，其中小分子（单体）通过化学方式结合形成聚合物分子，而不形成副产品材料。

adherend 粘接体：被胶黏剂覆盖的部分，然后连接到另一个部分。胶黏剂黏附在上面的表面。

adhesion 粘接：两个表面被界面力结合在一起的状态，界面力可能由价力或互锁作用或两者组成。

adhesive 胶黏剂：一种在使用时会使两个表面相互接触而粘接的材料。

adhesive failure 胶黏剂失效：粘接界面处的胶黏剂失效。

adhesive strength 粘接强度：用胶黏剂连接两种材料所形成的粘接的强度。

aging 老化：暴露于环境一段时间后材料性能的不可逆变化（也用作将材料暴露于环境一段时间后的术语）。

alpha particle (α) 阿尔法粒子（α）：由某些放射性物质发射的带正电荷的粒子；它由两个中子和两个质子结合在一起组成，因此与氦原子相同，只是缺少氦原子的两个电子。它是放射性物质发出的三种最常见的辐射（α、β、γ）中穿透力最小的，可以被一张纸阻止。它对植物、动物或人体都没有危险，除非释放α的物质已经进入人体。

ambient temperature 环境温度：房间温度或周围的温度。

amorphous phase 无定形相：高分子材料中没有特定有序排列的部分，与有秩序的结晶相相反。半结晶聚合物由不同比例的结晶相和非结晶相组成。

amorphous polymer 无定形聚合物：具有非结晶或无定形超分子结构或形态的聚合物。无定形聚合物可能有一些分子秩序，但通常比结晶聚合物的秩序要差很多，因此力学性能较差。

angstrom (Å) 埃（Å）：主要用来表示电磁辐射波长和原子大小及其分量的长度单位，等于 $10^{-8}$ cm（$10^{-10}$ m）。

anionic polymerization 阴离子聚合：一种通过在含有全部或部分负电荷的活性中心上添加某些单体而发生的过程。

annealing 退火：一种热处理过程，通过消除制造过程中材料的应力来提高性能。通常，使零件、薄片或薄膜达到一定的特定温度一段时间，然后缓慢冷却到环境温度。

antifoaming agent 抗起泡剂：一种添加到液体混合物中以防止泡沫形成或加入泡沫本身以打破已经形成的泡沫的化学物质。

ASTM International ASTM 国际：一个国际自愿标准组织，开发和生产材料、产品、系统和服务的技术标准。它是由最初的 ASTM（美国材料与试验协会）发展而来的。

atomic mass unit 原子质量单位：一个处于基态的 $^{12}$C 中性原子的静质量的 1/12。

atomic number (Z) 原子序数（Z）：一个原子核中的质子数，也是它的正电荷数。每种化学元素都有一个特有的原子序数。

atomic weight 原子量：元素的平均原子质量与核素 $^{12}$C 原子质量的 1/12 之比。一个原子的原子量大约等于其原子核中质子和中子的总数。

atomizing 雾化：将固体或液体颗粒散布到空气中。

**B**

back ionization 反向电离：带电粒子的过度积累，限制了在衬底上的进一步沉积。

backscatter 背散射：撞击气体（气体、液体或固体）后源一般方向的反射或散射辐射。

bandwidth 带宽：在两个确定的限制之间的波长范围。

bar 巴：压力的单位，1bar=1.0×10⁵Pa。它表示每单位面积所受的力的大小，用来度量气体和液体的压力。

beam 束：单方向传播的粒子流或电磁辐射。

becquerel (Bq) 贝克勒尔（Bq）：放射性活度国际单位，1Bq=1s⁻¹。

beta particle (β) β粒子：在放射性衰变过程中从原子核发射的基本粒子，其质量等于质子的1/1837。一个带负电荷的β粒子与一个电子是一样的。一个带正电荷的β粒子被称为正电子。β辐射会引起烧伤，如果β辐射源进入人体，将产生人体损伤。β粒子很容易被一块薄薄的金属片阻止。

betatron 电子感应加速器：一种甜甜圈形状的加速器，其中电子在恒定半径的轨道上运行，被不断变化的电磁场加速。电子感应加速器已获得高达340MeV的能量。

biaxial orientation 双轴方向，将材料分为两个方向，通常相互垂直。常用于薄膜和薄片技术。

bioburden 生物负荷：生活在未被消毒的表面上的细菌数量，或衡量微生物污染物体的方法。在制药或医疗领域使用的产品或组件需要在灭菌处理过程中控制微生物水平。

blowing agent 吹制剂：在制造中空物品中通过化学作用同时产生气体的混合成分。

body ply 胎身帘布层：由一层橡胶、一层增强织物（帘线）和第二层橡胶组成的压延板。

bremsstrahlung 轫致辐射：快速移动的带电粒子（通常是电子）在被围绕着带正电荷的原子核的电场减慢（或加速）并使其偏转时发出的电磁辐射。普通X线线机产生的X射线就是由这种机制产生的，正如电子束照射材料时产生的X射线一样（在德语中，轫致辐射的意思是"制动辐射"）。

butadiene 丁二烯：二烯烃系列的一种气体烃。可聚合成聚丁二烯或与苯乙烯或丙烯腈共聚，分别产生SBR或NBR。

**C**

cable, electrical 电力电缆：有或无绝缘的绞合导体和其他覆盖物（单导体电缆）或相互绝缘的导体组合（多导体电缆）

cable core 电缆芯：绝缘电缆在保护覆盖层或覆盖层下的部分。

cable sheath 电缆护套：应用在电缆上的保护层。

calender 压延机：一种精密机器，配备三个或三个以上的沉重的、内部加热或冷却（或两个都有）、的辊筒，向相反的方向旋转的辊筒，它们之间有可调节的间隙。压延机用于加工连续的压片和填充弹性体化合物，刮擦或涂覆弹性体化合物和某些热塑性材料（如PVC）。

carbon 炭黑：通过天然气或石油基油在不同类型的设备中不完全燃烧或分解而成的精细炭。根据所使用的工艺和原材料，可以是炉炭黑（如HAF）、热裂炭黑（如MT）或槽法炭黑（如EPC）等，具有不同的特性，如粒度、结构和形态。在橡胶化合物中添加不同类型的炭黑会导致不同的加工行为和硫化胶性能。

cast film 流延膜：将树脂分散液、树脂溶液或熔体摊铺或浇注在合适的临时基材（载体）上，然后进行溶剂或水蒸发和/或熔体冷却，并从基材上去除而形成的膜。另一种方法是通过挤出机上的平模挤出熔体，并在冷却辊上冷却。

cathode rays 阴极射线：由气体放电管的阴极或负极或真空管（如电视管）中的热灯丝发射的电子流。

cationic polymerization 阳离子聚合：生长聚合物的活性端为正离子的过程。

chafer strip 胎圈包布条：部分覆盖轮胎胎圈总成并延伸至轮辋线以上的橡胶涂层织物条。它的作用是摩擦轮辋上的胎圈。

channel black 通道黑：通过槽法工艺从天然气中产生的一种炭黑。

chlorosulfonated polyethylene 氯磺化聚乙烯：通过氯和二氧化硫处理聚乙烯获得的产品。它是一种高度耐化学品和臭氧的弹性体；也被称为海帕隆（Hypalon）。

cohesive failure 内聚破坏：胶黏剂失效发生在粘接层内，使两个粘接物体发生分离。

compound (elastomeric) 复合物（弹性体）：一种聚合物（或多种聚合物）与成品所需的所有其他成分的紧密混合物。

composite 复合材料：在聚合物技术中，聚合物基体和增强纤维的组合，具有各组成部分材料所不具备的特性。最常见的基体树脂是不饱和热固性聚脂和环氧树脂，增强纤维是玻璃、碳和芳纶纤维。强化纤维可以是连续的或不连续的。一些基质树脂是热塑性塑料。

compression molding 压缩成型：一种将聚合物材料，主要是热固性材料（塑料或弹性体）在加热的模具中压缩一段特定时间的制造方法。

compression set 压缩永久变形：材料在消除压缩应力后的残余变形。

contact angle 接触角：液体的液滴或边缘与基体的固体平面形成的角度。零度接触角表示完全润湿；较大的接触角值表示有限的润湿。

copolymer 共聚物：由两种或两种以上单体反应形成的聚合物材料。

cross-linking 交联：一种导致链状聚合物分子之间形成共价键的化学反应。由于交联，聚合物，如热固性树脂变得坚硬和不可注入。热性（常规）弹性体变得更强，更有弹性；它们不会在有机溶剂中溶解，只会膨胀。.

crystalline melting point 结晶熔点：熔化半结晶聚合物结晶相的温度或温度范围。它高于周围非晶相的熔化范围。

crystallinity 结晶性：无序长链分子的重复模式。结晶度（结晶体含量）用重量百分比表示。

crystallization temperature 结晶温度：聚合物结晶时的温度或温度范围。在结晶过程中，随机分布在熔体中的聚合物链排列成紧密有序排列。

cure (curing) 固化（固化）：1.通过辐射（UV 或 EB）进行聚合或交联（或两者结合）。2.弹性体材料的交联或硫化反应。

curie (Ci) 居里（Ci）：传统的放射性单位，1Ci= $3.7 \times 10^{10}$ Bq。

cyclotron 回旋加速器：一种粒子加速器，带电粒子在电场的作用下反复接受同步加速，粒子从其源头向外螺旋上升。粒子被一个强大的磁场保持在螺旋状态。

## D

damping 阻尼：能量随时间或距离的耗散

degradation 退化：通常是指物理或化学过程，而不是机械过程。

dichroic 二向色：在两个不同的波长范围内表现出显著不同的反射或透射。

dielectric constant 介电常数：介电（绝缘材料）的特性，它决定了单位电位梯度的单位体积存储的静电能。

dielectric loss angle (symbol $\delta$) 介电损耗角（$\delta$）：总电流振幅矢量与充电电流振幅矢量之间的夹角。这个角度的切线（tan$\delta$）是损耗切线，是介电损耗的直接测量方法。

dielectric strength 介电强度：绝缘材料在击穿前能够承受的电压，通常表示为电压梯度（单位长度上的电压差）。

diffuse 漫射：一种向各个方向反射或散射光的表面的特征。

dose 剂量：①在 EB 处理中，指单位质量物质吸收的能量，单位为 Gy，1Gy=1J/kg。② 在紫外线处理中，是一个常见术语，指感兴趣的介质表面的辐照能量密度或通量密度（单位为 J/cm²）。

dose rate 剂量率：单位时间内剂量的增量，由辐射源的活度和辐照的几何形状决定。单位为

kGy/h 或 Gy/s。

dosimeter 剂量计：一种测量吸收剂量的仪器。

durometer 硬度计：一种用于测量弹性体或塑料材料硬度的仪器

durometer hardness 硬度计硬度：一种表示硬度计压痕点的凹陷阻力的任意数值。

dynamic properties 动态性能：高分子材料在重复循环变形下的力学性能。

**E**

einstein（E）爱因斯坦（E）：光子能量单位。1摩尔光子所具有的能量为1E。

elasticity 弹性：材料的特性，通过该特性，在消除引起变形（如拉伸、压缩或扭转）的应力后，材料趋向于恢复其原始尺寸和形状。

elastomer 弹性体：一种高分子（聚合物）材料，在室温下，在消除变形力后，其形状和尺寸能够基本恢复。

electromagnetic radiation 电磁辐射：由以光速传播的相关和相互作用的电磁波（如光波、无线电波、γ射线、X射线）构成的辐射；所有这些都可以通过真空传输。

electromagnetic spectrum：电磁光谱：电磁辐射的全波长范围，包括微波、紫外线、可见光和红外能量。

electron 电子：一种基本粒子，具有单位负电荷，质量为质子的1/1837。电子围绕着带正电的原子核运动，决定着原子的化学性质。

electron beam radiation 电子束辐射：由电子传播的电离辐射，在极高电压（通常为千伏到兆伏）下加速。这种辐射经常用于聚合物材料的交联、聚合、改性或降解。

electron volt (eV) 电子伏（eV）：当电子通过1V的电位差加速时获得的动能量。这相当于 $1.603 \times 10^{-19}$ J。电子伏是能量或功的单位，而不是电压的单位。

elongation 伸长：物体因拉伸应力而产生的伸长。

elongation, ultimate 极限伸长率：拉伸载荷下断裂时的伸长率。

emission spectrum 发射光谱：处于激发态的原子发出的辐射，通常显示为辐射功率与波长的关系。每个原子或分子都有独特的光谱。光谱可以观察为窄线发射（原子发射光谱）或准连续发射（分子发射光谱）。汞等离子体同时发射线谱和连续谱。

energy density 能量密度：到达每单位面积表面的辐射能量，通常以 J/cm² 或 mJ/cm² 表示。它是辐照度随时间的积分。

extrusion 挤出：加热或未加热的聚合物材料（塑料或弹性体）被迫以一种连续形状通过成型孔（模具）的过程，如薄膜、薄板、平板、型材、管道、涂层等。

**F**

fatigue, dynamic 动力学疲劳：材料因反复变形而劣化。

filament 长丝：在纤维纺丝过程中熔融挤出的单个小股。成束的长丝被称为纤维或纱线。灯丝也是细长丝（在灯泡或电气设备中）。

filament winding 纤维缠绕：将浸渍有基体树脂的连续纤维缠绕到旋转或固定心轴上，从而生产复合材料部件的工艺。

fluence 通量：通量率的时间积分（J/m² 或 J/cm²）。对于平行和垂直的入射光束，不散射或反射，能量密度和通量是相同的。

fluidization 流态化：使用压缩空气悬浮粉末颗粒的过程，产生空气和粉末的流体混合物。

flux (radiant flux) 通量（辐射通量）：光子流（单位：爱因斯坦/秒）。

free radical 自由基：一种具有未配对电子的反应性物质，可通过双键启动反应，例如在丙烯酸酯聚合中。它是通过能量吸收从其稳定的配对状态产生的。热降解导致共价键断裂也会产生自由基。

free-radical polymerization 自由基聚合：具有复杂的引发、传播和终止机制的过程，其传播和终止步骤通常非常快。

frequency 频率：周期出现的次数，测量单位为赫兹（Hz)。

fractioning 擦胶：使用一种以不同表面速度旋转的压延机用橡胶化合物浸渍编织物的过程。

furnace black 炉炭黑：在大型炉中通过不完全燃烧天然气或石油或两者获得的炭黑。

**G**

gamma rays (symbol γ) 伽玛射线（γ）：高能量、短波长的电磁辐射。γ辐射经常伴随着α和β辐射，并且总是伴随着核裂变。γ射线的穿透力很强，最好用密度高的材料来阻止或屏蔽，如铅或贫化铀。γ射线与X射线相似，但通常能量更大，而且是核源性的。

gel 凝胶：一种半固体系统，由固体聚集体的网络组成，液体被容纳在其中。

glass transition temperature ($T_g$) 玻璃转化转变温度（$T_g$）：半结晶固体的无定形部分从玻璃态变为柔软和有弹性（橡胶状）的温度；不能与熔化温度混淆。

graft copolymer 接枝共聚物：一种共聚物，其中一种聚合物的链被连接到先前形成的聚合物或共聚物的链上，使交接点有三个或更多的链相连。

grafting 接枝：一种反应，其中一个或多个种类的块状物作为侧链连接到大分子的主链上，其结构或构型特征与主链不同。

gray (Gy) 戈瑞（Gy)：辐射吸收剂量的国际单位，1Gy=1J/kg。它已经取代了旧的单位rad,1rad=10mGy。

graphite 石墨：一种碳的结晶形式。它存在于自然界，但也可以通过加热石油焦、炭黑和有机材料来生产。用作润滑填料或作为引入导电性的添加剂。

gravure coating 凹版涂层：一种使用雕刻辊的涂层技术，能够从槽中吸取精确数量的涂层（分散剂或墨水），并将其转移到与辊子接触的卷材上。辊子上的刻痕就像涂料的小储层。

ground state 基态：核子、原子、分子或任何其他粒子在其最低（正常）能量水平的状态。

gum (compound) 胶质（化合物）：一种未填充的弹性化合物，只含有充分交联所需的成分。

**H**

HAF (high abrasion furnace black) 高补强炭黑，可提高橡胶化合物的耐磨性。

half-life 半衰期：γ射线源的一种特征；使辐射源的活度衰减到其原始值的一半所花费的时间。

heat aging 热老化：在特定条件下照射（温度、时间、有无空气、氧气等），然后对它们进行应力应变和硬度测试，确定与原始（未老化材料）相比的性能变化。

hysteresis 迟滞作用：能量损失，即延伸和收缩循环中功输出的差值。

hysteresis loop 迟滞回线：在动态力学测量中，表示循环变形期间材料连续应力应变状态的闭合曲线；产生的回路面积等于系统中产生的热量。

**I**

impact resistance 抗冲击性：在冲击力下的抗断裂性。

injection molding 注射成型：将热软化的热塑性材料（熔体）被强制从一个圆柱容器进入模具腔，从而使物品具有所需的形状。适用于热塑性塑料和一些热固性塑料。

inner liner 内衬：无内胎轮胎内具有低渗透性的橡胶层，由卤化丁基橡胶制成；其功能是确保轮胎能够保持内部的高压空气，而不会使空气逐渐通过橡胶结构扩散。

interpenetrating network (IPN) 互穿网络（IPN）：两种聚合物结合成一个稳定的互穿网络。在真正的IPN中，每一种聚合物都与自己交联，但不与另一种交联，而且两种聚合物相互渗透。在半IPN中，只有一种聚合物是交联的，另一种是线性的，它本身就是一种热塑性塑料。生产IPN的目的是为了提高某些聚合物系统的强度、硬度和耐化学性。

ionization 电离：向原子或分子添加一个或多个电子，或从原子或分子中去除一个或多个电子从而产生离子的过程。高温、放电、核辐射或高能电子可导致电离。

ionizing radiation 电离辐射：任何从原子或分子中置换出电子的辐射（例如，α辐射、β辐射和γ辐射）。电离辐射可能产生严重的皮肤和组织损伤。

irradiation 辐照：对一个物体施加辐射。

isotope 同位素：一个或多个具有相同原子序数（同一化学元素）但具有不同原子量的原子。同位素的原子核具有相同数量的质子，但具有不同数量的中子。因此，$^{12}C$、$^{13}C$ 和 $^{14}C$ 是同一元素碳的同位素，上标表示其不同的质量数或近似的原子量。同位素通常具有非常接近的化学性质，但有一些不同的物理性质。

**J**

joule 焦耳：功或能量的单位，缩写为J。功是功率的时间积分结果。

**K**

klystron 速调管：一种专用的直线性电子束真空管（真空电子管）。速调管被用作微波和无线电频率的放大器，用于超外差雷达接收机产生低功率参考信号，并用于雷达和微波中继发射机等应用产生高功率载波，是现代粒子加速器的驱动力。

**L**

laser 激光：产生具有狭窄带宽的强烈光束的装置。激光是"受激辐射放大"的首字母缩写。

latex 乳胶：一种弹性体（天然或合成）或塑料的水性胶体乳剂。它一般是指从树木或植物中获得的乳液或乳液聚合的产物。

lethal dose 致命剂量：足以导致死亡的电离辐射的剂量。半数致死剂量（MLD或$LD_{50}$）是指在规定时间内（通常为30天）杀死大群体中一半个体或类似照射生物体所需的剂量。人的$LD_{50}$为4～5Gy。

linear accelerator (Linac or LA) 直线加速器（缩写为Linac或LA）：一种长的直管（或一系列管），其中带电粒子（通常是电子或质子）通过振荡电磁场的作用获得能量。

linear energy transfer (LET) 传能线密度（LET）：沿电离粒子轨道沉积的能量。

line emission 线发射：从激发态的原子发射的窄线发射，在光谱测量中观察到的"峰值"。

**M**

magnetron 磁控管：微波功率组件，将高压电输入转换为2450MHz的微波功率。

medium density fiberboard (MDF) 中等密度纤维板（MDF）：由木材纤维和合成树脂胶黏剂在热和压力下黏结在一起制造的，在每个方向上性能一致的均匀复合面板产品。

melting point 熔点：一种物质的晶相和液相处于热力学平衡状态的温度。熔点通常在常压（101325Pa）下测定。

melt processible polymer 可熔化的聚合物：当加热到熔点（或范围）时就会熔化的聚合物，并在熔化温度或略高于熔化温度时形成具有明确黏度值的熔融物。这样的熔体可以被泵送，并且在使用商业加工设备（如挤出机或成型机）受到剪切率时可以流动。

micrometer (μm) 微米（μm）：长度单位，$1\mu m=10^{-6}m$。

microwave 微波：指电磁波谱中与较大的红外波和较短的无线电波有关的部分，在1至10mm之间。

modulus 模量：应力与应变的比率。在橡胶的物理测试中，它是以磅力每平方英寸（psi）或帕斯卡（Pa）为单位的与原始面积相关的力，以产生规定的伸长率。

monochromatic 单色：从一个光源辐射出来的光，只集中在一个非常狭窄的波长范围内（带宽）。这可以通过过滤器或窄带发射来实现。

monomer 单体：一种低分子质量的物质，由能够与同类分子和非同类分子反应形成聚合物的分子组成。

**N**

nanometer(nm) 纳米（nm）：通常用于定义光波长的长度单位，特别是在电磁光谱的紫外线和可见范围内。$1nm=10^{-9}m＝10^{-3}\mu m＝10Å$。

neutron 中子：一种不带电的基本粒子，其质量略大于质子，存在于每个质量大于氢原子的原子核中。

**O**

offset printing 胶印：一种印刷过程，首先将要印刷的图像应用于辊或板等中间载体，然后转移到基材如纸张或薄膜等基材上。

Oxygen (or oxidative) Induction Time (OIT) test 氧（或氧化）诱导时间 (OIT) 试验：一种加速老化试验，通常用于预测包括塑料、橡胶和胶黏剂在内的碳氢化合物材料的长期稳定性。

ozone (formula $O_3$) 臭氧（$O_3$）：一种氧的同素异形体，由放电或特定波长的紫外线对氧的作用产生。它是一种具有特有气味的气体，是一种强氧化剂。

**P**

peak irradiance 峰值辐照度：在一盏灯下聚焦功率的强烈峰值，辐照度剖面的最大点。测量单位为 $W/cm^2$。

permanent set 永久变形：弹性材料在变形后不能恢复到其原始形式的数量。

photon 光子：电磁能量量子的载波。光子有一个有效的动量，但没有质量或电荷。

phr 份：弹性化合物配方的缩写，表示每百份橡胶的质量单位。

ply 层：最常适用于一层橡胶涂层织物（如轮胎或皮带设计）。

polychromatic or polychromic 多色或多色彩：由许多波长组成。

polymer 聚合物：由具有相同或不同化学成分的单体化学组合而成的大分子物质。

polymerization 聚合：一种化学反应，其中单体的分子连接在一起，形成其分子质量是原始物质分子质量的倍数的大分子。当涉及到两个或两个以上的单体时，这个过程被称为共聚或杂聚。

polyolefins 聚烯烃：一大类碳链弹性体和热塑性聚合物，通常通过烯烃或烯烃（如乙烯）的加成聚合或共聚制备。这一组最重要的代表是聚乙烯和聚丙烯。

pressure-sensitive adhesive 压敏胶：需要对零件施加压力才能进行粘接的胶黏剂。通常由弹性体和改性增黏剂组成。压敏胶黏剂应用于熔体或溶剂型系统。在大多数情况下，胶黏剂不会固化。

primer 底漆：一种特殊的反应性化学物质，分散在有机溶剂或水中，在施涂胶黏剂或涂料之前施涂于基材上。底漆充当基材和胶黏剂或涂层之间的化学桥梁。底漆的实例为有机硅烷和异氰酸酯。

proton 质子：一个具有单一正电荷的基本粒子，其质量约为电子的 1837 倍，是普通或轻氢原子的原子核。质子是所有原子核的组成部分。一个原子的原子序数(Z)等于其原子核中的质子数。

**Q**

quantum yield 量子产率：光化学反应光化学效率的度量，表示为单位时间内化学事件数量与单位时间内吸收光子数量的比率，是一个无单位的量。

**R**

rad (acronym for radiation absorbed dose) 拉德（辐射吸收剂量的首字母缩写）：电离辐射吸收剂量的原始基本单位；1拉德（rad）等于每克物质吸收的辐射能量为100尔格（erg）。该单位已被戈瑞（Gy）所取代。

radiachromic 辐射变色：暴露在紫外线或电子束辐射下表现出颜色或光密度的变化。这些变化可能与照射量有关。

radiant energy 辐射能：能量传递，以焦耳或瓦特秒（1J=1W s）表示。

radiant power 辐射功率：能量传输速率，以瓦特或焦耳每秒（1W=J/s）表示。

radiation dose (absorbed dose) 辐射剂量（吸收剂量）：辐射过程中材料质量单位吸收的电离辐射量。辐射剂量单位为戈瑞（Gy），定义为每千克1焦耳（J/kg）。在实际应用中，使用更大的单位，即 kGy（$10^3$Gy）。过去使用的单位是 megarad（Mrad），1Mrad 等于10kGy，自1986年后不再是官方单位。

radiation illness 放射病：暴露于相对大剂量的电离辐射后出现的急性器质性疾病。它的特征是恶心、呕吐、腹泻、血细胞变化，以及后期出血和脱发。

**radioactivity level** 放射性活度：辐射源的活度（或功率），定义为每秒放射性核素的衰变次数。国际单位制的名称是贝克勒尔（Bq）。然而，这是一个非常小的活度，早期的活度单位是居里（Ci）。

**radiochromic** 辐射变色：见 radiachromic。

**radiometer** 辐射计：一种仪器，用于感应入射到其传感器元件上的辐照度，并可包括热探测器或光子探测器。

**rem (acronym for roentgen equivalent man)** 雷姆（人体伦琴当量缩写）：电离辐射剂量单位，产生与普通 X 射线吸收剂量单位相同的生物效应。

**responsivity (spectral sensitivity)** 响应度（光谱灵敏度）：任何系统在入射波长方面的响应或灵敏度。在辐射测量学中，它是设备的输出与波长的关系。

**resilience** 回弹：变形试样快速（或瞬时）完全恢复时的能量输出与能量输入之比。

**RF (radio frequency)** RF（射频）：正常可听声波和光谱红外部分之间的任何频率，介于 10 kHz 和 $10^6$ MHz 之间。

**RoHS (Restriction of Hazardous Substances)** RoHS（有害物质限制）：限制电气和电子设备中某些危险物质的使用。

**rubber** 橡胶：一种能够快速、有力地从大变形中恢复的材料，并且可以或已经被改性为在沸腾溶剂中基本不溶解（但可以膨胀），如苯、甲基乙基酮和乙醇-甲苯共沸物的状态。一种经过改性状态的橡胶，没有稀释剂，在室温下拉伸到两倍长度后，在 1min 内缩回到原来长度的 1.5 倍以内，并保持 1min 后复原。

**S**

**SBS** 苯乙烯-丁二烯-苯乙烯嵌段共聚物；含有聚苯乙烯硬块和聚丁二烯软弹性体中间块的热塑性弹性体。

**SEBS** 苯乙烯-丁苯乙烯嵌段共聚物；SBS 氢化制备的热复合弹性体。

**SEEPS** 与（乙烯）中间弹性体的三嵌段聚乙烯共聚物，常用作增容剂。

**SEPS** 苯乙烯丙苯乙烯嵌段共聚物热塑性弹性体。它是由 SIS 氢化制备的。

**semicrystalline polymer** 半晶聚合物：一种由晶体线和非晶区组合组成的材料。本质上，所有具有结晶倾向的普通塑料和弹性体都是半结晶的。结晶的程度取决于聚合物的结构和制造条件。

**SIS** 苯乙烯-异戊二烯-苯乙烯嵌段共聚物与聚苯乙烯硬段和聚异戊二烯软中间段。

**solubility parameter** 溶解参数：描述一种物质溶解在另一种物质中的能力。它适用于聚合物在溶剂中的溶解度和聚合物的混合（符号为 $\delta$）。

**sulfur** 硫黄：对许多弹性体的主要硫化剂，特别是那些完全或部分基于丁二烯或异戊二烯。

**T**

**tack (or building tack)** 黏度（或成型黏度）：弹性体或橡胶化合物的一种特性，可使两层化合物在接触区域牢固附着，对于制造轮胎或其他层压结构非常重要。

**target** 靶：受到粒子轰击（如在加速器中）或辐照（如在反应堆中）以诱发核反应的目标材料；该术语也用于将电子束转换为 X 射线的金属零件。

**tentering** 拉伸：一种连续的干燥过程，在张力的作用下将布烘干，以去除褶皱并使其表面光滑；也用于在横向(跨机器)方向定向聚合物薄膜或薄片。

**tentering frame** 拉幅机：一种用于拉伸纺织品和聚合物薄膜和片材的机器。

**terpolymer** 三元共聚物：由三种不同聚合物制成的共聚物。

**thermal black** 热裂炭黑：由天然气分解形成的软炭黑（如 MT、中热黑）。它没有刚性效果，但具有韧性、弹性、良好的抗撕裂性和耐磨性。

**thermoplastic** 热塑性材料：一种能够随着温度的升高而反复软化，随着温度的降低而硬化的材料（见塑料）。

**thermoplastic elastomer** 热塑性弹性体（TPE）：一类共聚物或聚合物的物理混合物。在环境温度或适度升高或降低温度下具有弹性的聚合物，可作为热塑性塑料进行加工和回收（即通过熔融加工）。加工和使用温度取决于材料的化学性质。（另见TPE。）

**thixotropic liquid** 触变性液体：一种随着剪切速率的增加而黏度较低的液体。一个实际的例子是室内涂料在搅拌后变得更薄。

**tire, pneumatic** 轮胎、充气轮胎：轮胎外壳（由帘子布组成）胎面、胎侧和胎圈，有或没有内胎，能够用气体进行充气。

**TPE** 热塑性弹性体，由聚合物或聚合物混合物组成，其在使用温度下的性能与硫化橡胶相似，但可作为热塑性材料在高温下进行加工和再加工。

**U**

**ultraviolet (UV) radiation** 紫外线(UV)辐射：在40～400nm波长区域内的电磁辐射。太阳是地球上紫外线辐射的主要自然来源。人工光源有很多，包括不同设计的特殊紫外线灯。紫外线辐射会引起聚合物降解和其他化学反应，包括单体和低聚物体系的聚合和交联。

**V**

**van der Waals forces** 范德瓦耳斯力：分子间弱的吸引力，比氢键弱，比共价键弱很多。

**Viscosity** 黏度：流体所表现出的内部阻力；剪切应力与剪切率的比率。1泊的黏度等于1达因每平方厘米的力，使两个面积为$1cm^2$、相距1cm的平行液体表面以1cm/s的速度相互移动。黏度的SI单位是帕斯卡·秒（Pa·s）。

**vulcanization** 硫化：一个不可逆的过程，在这个过程中，弹性化合物通过其化学结构的变化（例如交联），变得更有弹性，更耐受有机液体的膨胀，并且赋予弹性性能，改善或扩展弹性性能到更大的温度范围。

**W**

**watt** 瓦特：功率单位，相当于以1J/s的速度做的功或1A的电流在1V的电位差上产生的功率；1瓦特等于1/746马力；缩写为W，更小的单位是毫瓦（mW）。在光学领域，它是一种对辐射或照射功率的测量。

**wavelength** 波长：电磁能量的基本描述，包括光。它是一个传播的波的相应点之间的距离；经常使用的符号是$\lambda$。它是光的速度除以与光子相关的等效振荡频率。测量单位是纳米（$10^{-9}$m）。

**wehnelt cylinder** 维纳尔圆柱电极（也称为控制电极）：一些热离子装置的电子枪组件中的电极，用于聚焦和控制电子束。它是以德国物理学家Arthur Rudolph Berthold Wehnelt的名字命名的，他在1902年和1903年发明了这种电极。

**wetting** 润湿：液体散布（有时是吸收）到（或进入）一个表面。在黏合剂粘合中，当液体胶黏剂的表面张力低于被粘接表面的临界张力时就会发生润湿。良好的表面润湿对于高强度的胶黏剂粘接是至关重要的。

**X**

**X-ray** X射线：当受激原子的内轨道电子恢复正常状态时发出的穿透性电磁辐射。X射线的起源通常是非核的，是用高速电子轰击金属靶产生的。

**Y**

**Young's modulus** 杨氏模量：在弹性区域内，经历拉伸或压缩应变的聚合物的应力和应变之间的关系是线性的（即遵循胡克定律）。在这种关系中，应力与应变成正比。杨氏模量是应力-应变关系中的比例系数。

**Z**

**Z**：原子序数的符号。